国家级一流课程配套教材
"互联网+"新形态立体化教学资源特色教材

园林设计

吕桂菊 编著

中国轻工业出版社

图书在版编目（CIP）数据

园林设计 / 吕桂菊编著. —北京：中国轻工业出版社，2024.3

ISBN 978-7-5184-3850-1

Ⅰ. ①园… Ⅱ. ①吕… Ⅲ. ①园林设计 Ⅳ. ①TU986.2

中国版本图书馆CIP数据核字（2021）第280657号

责任编辑：李　红　　　　责任终审：李建华　　设计制作：锋尚设计
策划编辑：毛旭林　李　红　责任校对：朱燕春　　责任监印：张　可

出版发行：中国轻工业出版社（北京鲁谷东街5号，邮编：100040）

印　　刷：艺堂印刷（天津）有限公司

经　　销：各地新华书店

版　　次：2024年3月第1版第1次印刷

开　　本：870×1140　1/16　印张：9.5

字　　数：240千字

书　　号：ISBN 978-7-5184-3850-1　定价：59.80元

邮购电话：010-85119873

发行电话：010-85119832　010-85119912

网　　址：http://www.chlip.com.cn

Email：club@chlip.com.cn

版权所有　侵权必究

如发现图书残缺请与我社邮购联系调换

200761J1X101ZBW

序言

2021年7月，国家教材委员会印发《习近平新时代中国特色社会主义思想进课程教材指南》通知明确提出：课程教材集中体现党和国家意志，是育人的载体，直接关系到人才培养方向和质量。大学阶段的教育重在形成理论思维，实现从学理认知到信念生成的转化，增强使命担当，引导学生深入地理解习近平新时代中国特色社会主义思想的理论体系、内在逻辑、精神实质和重大意义，增强建设社会主义现代化强国和实现中华民族伟大复兴中国梦的使命感。高等院校教材要系统阐释习近平总书记关于社会主义文化建设的重要论述，展示文化自信是一个国家、一个民族发展中更基本、更深层、更持久的力量，要深刻把握中国特色社会主义道路的历史逻辑，推动中华优秀传统文化的创造性转化和创新性发展。

截止到2021年，我国各类高校2738所，其中本科院校1270所，高职（专科）院校1468所，半数以上开设"设计学类"专业，在学总人数已逾百万，培养规模居世界之首。设计人才已成为深度参与产业升级、塑造文化自信、建设美丽中国的重要力量，此类教材的编写显得尤为重要。2019年11月，中国轻工业出版社与山东工艺美术学院共同举办"全国高等院校'新时代'设计学类本科教学改革与一流课程建设"系列学术活动。其间，中国轻工业出版社王磊光总经理、李颖总编辑一行访问山东工艺美术学院，向我介绍该社正在规划的高等院校设计学系列教材，并邀我担任总主编。由此，我开始思考此套教材的时代背景、学科专业建设需求和总体编写思路。在我看来，这套教材应立足全员育人宗旨，立足"专业+思政"，在遵循设计类学科专业人才培养规律的基础上，应突出强调以下几个方面。

一、突出协同育人效应，专业教材与课程思政有机融合

目前，大学教师中80%是各类专业课师资，而专职思政课教师仅占20%，大学教育如何解决"为谁培养人、培养什么人、怎样培养人"的问题，很大程度上要充分发挥专业课阵地作用，因而设计类教材编写，必须坚持"思政+设计"育人导向，应明确中国站位、突出中国案例、体现中国智慧、展示中国力量、叙述中国成就，充分体现其"课程思政"主战场、主阵地、主渠道作用；激发学生的专业自信心与民族自豪感；树立设计服务民生、设计服务区域经济发展、设计服务国家重大战略的立足点和价值观；培养"知中国、爱中国、堪当民族复兴大任"的新时代设计人才。

二、立足新文科、新工科建设要求，服务设计学科发展和完善

设计学科与新文科、新工科发展密切相关，设计类教材建设需基于新时代新文科、新工科建设要求，服务中国经济转型、乡村振兴，探索设计学一级学科与社会学、经济学、民俗学等学科的关系，强调学科的实用性、交叉性与综合性，具备以产业需求为导向的前瞻性，以学科交叉为主体的融合性，以实践创新的全面性，服务新技术、新产业、新业态和新模式为特征的人才培养需要。设计学科发展需依托科学技术，服务国计民生，推动经济发展，因此本套系列教材体现新时代设计专业教育的新站位、新要求、新精神，阐释中国设计学的学科体系、学术体系、话语体系和应用服务体系。

三、一流教材与一流课程有效衔接,服务国家"双万计划"

2019年,教育部正式启动"一流本科专业建设点"评定工作,计划三年建设10000个左右国家级一流本科专业点,其中设计学类专业474个,与之相匹配,教育部同步实施了10000门左右的国家级"一流课程"的建设工作。"一流课程"需要一流教材支撑,教材建设作为课程建设的重要组成部分,发挥着搭建教学团队、引领教学理念、固化教学成果、丰富教学资源的重要作用,是一个长期积累、持续改进、厚积薄发的过程。本套教材编写对标"一流课程",支撑"一流专业",构建一流师资团队,形成一流课程资源,服务国家"双万计划"。

四、立足文化自信,融入中华传统造物思想观念

"文化自信是一个国家、一个民族发展中更基本、更深沉、更持久的力量",2017年,国家制定《关于实施中华优秀传统文化传承发展工程的意见》,提出"推动中华优秀传统文化创造性转化、创新性发展",中华造物思想体现了自然、人文、社会与政治生态观念,在网络时代和国际化大趋势下,中华传统造物体系是世界文化生态的一环,是生产生活的活态文脉,是民族文化的标志。设计学科承担着对中华优秀传统文化创造性转化、创新性发展的重要责任。设计类教材的编撰工作,特别是在相关案例的选择上,更应充分体现中华传统造物体系,让学生在教材中感知中华造物传统与生活方式,汲取传统造物智慧。

这套教材涵盖产品设计、视觉传达设计、环境设计、风景园林、包装工程等设计类专业的主干课程,理论与实践各有所侧重,以"知识阐述"和"项目训练"为模块,并配备丰富的立体化教材资源,强化教学互动,启发学生的创新思维,提升其专业实践能力。作者多为高校一线教师,具有丰富的教学与设计实践经验,相信本套教材定会对设计专业的学习者明确专业方向、构建专业知识、树立价值观念、提升专业技能大有裨益,成为他们设计学习之路上的津梁舟楫。

潘鲁生

辛丑年孟冬于泉城

前言

"虽由人作，宛自天开"的中国古典园林深浸着中华文化的内蕴，是中国五千年文化造就的艺术珍品，被举世公认为世界园林之佼佼者、世界艺术之奇观，在世界范围内享有盛誉，是全人类宝贵的历史文化遗产。

中国古典园林是指以江南私家园林和北方皇家园林为代表的中国写意山水园林形式，是中华优秀传统文化的重要组成部分。中国园林所蕴含的造物艺术体系与造型艺术体系是中华文明的宝贵财富，与"文化自信""核心价值观""提高文化软实力"等重要论断一脉相承，对于坚定"四个自信"、讲好"中国故事"具有重要作用，具有理论与实践的双重属性，是公园城市、乡村振兴、城市更新等国家战略实施的有效途径和重要形式。

党的二十大报告指出，推进文化自信自强，要坚持为人民服务、为社会主义服务，坚持创造性转化、创新性发展，以社会主义核心价值观为引领，传承中华优秀传统文化，满足人民日益增长的精神文化需求。中国园林所蕴含的造物艺术体系与造型艺术体系是中华文明的宝贵财富，对于讲好"中国故事"、增强中华文明传播力影响力、推动中华文化更好走向世界具有重要作用，教材具有理论与实践的双重属性，是公园城市、乡村振兴、城市更新等国家战略实施的迫切需要。

随着人们环境意识的加强，景观设计行业遇到了难得的发展机遇和挑战，当前，国家迫切需要中国风格的现代景观作品，设计、呈现源于传统的优秀作品。把古典园林文化艺术融入现代景观设计中去更迭变换，引导中国当代大学生继往开来，是本书要解决的核心问题。

本书案例丰富，图文并茂，通俗易懂；以园林艺术类型为课程主线，以古典园林和现代演绎为主要维度，以形象直观展现、文字总结提升为主要形式，以典型的古典园林和现代园林案例为载体；系统讲述古典园林继承创新及现代景观的设计方法。全书包括6章内容，分别是：第一章基本概念、第二章主题立意、第三章空间布局、第四章路径引导与造景方法、第五章造景要素和第六章实训项目。本书对传承中国设计思维、完善知识结构、开阔设计思路、提高对中国园林的认识具有重要作用，是传统文化语境下现代景观创新设计教学案例库的重要内容。

本书在编写过程中得到了研究生团队和本科生团队的鼎力相助，他们在本书的资料整理工作中付出了辛苦努力；同时得到了山东格义园林景观设计工程有限公司的大力支持，本书中部分作品由该公司提供，在此一并表示感谢。

书中难免有不妥之处，敬请广大读者批评指正。

编者
2023年3月

课时安排

建议课时：60

章节	课程内容		课时	
第一章 基本概念	第一节	古典园林、园林与风景园林	2	6
	第二节	世界古典园林的类型	2	
	第三节	中国古典园林的类型	2	
第二章 主题立意	第一节	意境的属性	2	8
	第二节	意境的创造	3	
	第三节	意境的感知	3	
第三章 空间布局	第一节	空间组织	3	12
	第二节	空间中心	3	
	第三节	空间围合	3	
	第四节	空间划分	3	
第四章 路径引导与造景方法	第一节	路径引导	3	6
	第二节	造景方法	3	
第五章 造景要素	第一节	建筑	4	20
	第二节	山石	4	
	第三节	水系	4	
	第四节	植物	4	
	第五节	铺地	4	
第六章 实训项目	第一节	项目区位	2	8
	第二节	传承设计	3	
	第三节	创新设计	3	

目录

第一章　基本概念 **1**

第一节　古典园林、现代园林与风景园林 1
　　　一、古典园林 2
　　　二、现代园林 2
　　　三、风景园林 5

第二节　世界古典园林的类型 8
　　　一、伊斯兰园林体系 8
　　　二、欧洲园林体系 8
　　　三、东方园林体系 10

第三节　中国古典园林的类型 12
　　　一、造园方式 12
　　　二、隶属关系 13

本章思考题 16

第二章　主题立意 **17**

第一节　意境的属性 17
　　　一、古典园林意境的属性 17
　　　二、现代园林意境的属性 19
　　　三、案例解析 19

第二节　意境的创造 20
　　　一、古典园林意境的创造 20
　　　二、现代园林意境的创造 21

第三节　意境的感知 27
　　　一、古典园林意境的感知 27
　　　二、现代园林意境的感知 30
　　　三、案例解析 30

本章思考题 32

第三章　空间布局 **33**

第一节　布局组织 33
　　　一、古典园林的布局组织 33
　　　二、现代园林的布局组织 36
　　　三、案例解析 36

第二节　布局中心 40
　　　一、古典园林的布局中心 40
　　　二、现代园林的布局中心 42
　　　三、案例解析 42

第三节　布局围合 45

　　　一、古典园林的布局围合 45
　　　二、现代园林的布局围合 48
　　　三、案例解析 48

第四节　布局划分 51
　　　一、古典园林的布局划分 51
　　　二、现代园林的布局划分 51
　　　三、案例解析 52

本章思考题 54

第四章　路径引导与造景方法 **55**

第一节　路径引导 55
　　　一、路径引导的四个阶段 55
　　　二、路径引导的两个类型 56
　　　三、案例解析 58

第二节　造景方法 62
　　　一、主景与对景 62
　　　二、渗透与层次 66
　　　三、障景与隔景 69
　　　四、引导与暗示 70
　　　五、高低与起伏 71
　　　六、案例解析 71

本章思考题 82

第五章　造景要素 **83**

第一节　建筑 83
　　　一、古典园林的建筑风格 83
　　　二、现代园林的建筑风格 85
　　　三、案例解析 85

第二节　山石 88
　　　一、古典园林的山石造景 88
　　　二、现代园林的山石造景 94
　　　三、案例解析 94

第三节　水系 98
　　　一、古典园林的水景营造 98
　　　二、现代园林的水景营造 102
　　　三、案例解析 102

第四节　植物 107
　　　一、古典园林植物造景 107
　　　二、现代园林的植物景观 110

　　　　　三、案例解析 111
第五节　铺地 113
　　　　　一、古典园林的铺地情趣 113
　　　　　二、现代园林的铺地情趣 115
　　　　　三、案例解析 117
本章思考题 118

第六章　实训项目 **119**

第一节　项目区位 119
第二节　传承设计 119
　　　　　一、传承设计方案1 119
　　　　　二、传承设计方案2 121
第三节　创新设计 130
　　　　　一、创新设计任务书 130
　　　　　二、创新设计方案1 130
　　　　　三、创新设计方案2 136

本章思考题 143

参考文献 **144**

第一章 基本概念

PPT 课件

园林设计就是在一定的地域范围内，运用园林艺术和工程技术手段，通过改造地形（或进一步筑山、叠石、理水），种植树木、花草，营造建筑和布置园路等途径创作而建成美的自然环境和生活、游憩境域。

在人类社会历史长河中，纵观过去和现在，人与自然环境关系的变化呈现为四个不同的阶段，因此可以将园林的发展分为四个阶段，分别是原始社会的萌芽期、农业社会的古典园林期、工业社会的公共园林期、后工业社会的生态园林期。

中国古典园林是对于世界园林发展的第二阶段中的中国园林体系而言，这是一个博大精深而又源远流长的山水意境式园林体系。按照园林基址的选择和开发方式的不同，中国古典园林可分为人工山水园和天然山水园两大类型；按照园林的隶属关系可分为皇家园林、私家园林和寺观园林。除此之外，还有一些类型尚未完全成熟，如：衙署园林、祠堂园林、书院园林、公共园林等。

第一节 古典园林、现代园林与风景园林

人类通过劳动作用于自然界，引起自然界的变化，同时也引起人与自然环境之间关系的变化。在人类社会的历史长河中，人与自然环境关系的变化大体上呈现为四个不同的阶段，相应地，世界园林的发展也大致可以分为四个阶段（表1-1）。这四个阶段之间虽然并不存在"断裂"，但毕竟每一个阶段人与自然环境的隔离状况并不完全一样，园林作为这种隔离的补偿而创设的"第二自然"，它们的内容、性质和范围当然也会有所不同。因此，有关于园林的定义、界说，也应结合不同的阶段来分别阐释，并以它所属阶段的政治、经济、文化背景作为评价的基点，这样就可以避免以今人而求全于古人，或者以古代而拘泥于现代之弊。

在原始社会时期，人们以狩猎和采集来获取生活资料，劳动工具十分简单，人对自然的主动作用极为有限，几乎被动地依赖自然、崇拜自然，人与自然是亲和关系。在这种自然和社会条件下，当然没有必要也没有可能产生园林，属于园林萌芽期。

农业社会时期是古典园林的大发展时期，形成西亚园林、东方园林、欧洲园林三大园林体系。这一时期虽对自然有一定的破坏，但是人与自然仍保持亲和关系，属于自然顺应型园林期。

工业社会时期，由于工业文明的兴起，城市迅速发展，大量人口集中到城市，同时工业化大大提高了人类征服自然的能力，环境污染严重，推动了公园的产生，出现了现代城市公共园林。

后工业社会时期，人们的社会价值观发生了重要变化，衡量城市先进与否的标准，由"技术、工业和现代建筑"，演变为"文化、绿野和传统建筑"，提出了"回归自

表1-1　　　　　　　　　　　　　　世界园林发展阶段表

阶段	第一阶段	第二阶段	第三阶段	第四阶段
时期	原始社会时期	农业社会时期	工业社会时期	后工业社会时期
类型	萌芽园林	古典园林	现代公共园林	现代生态园林
性质	没有出现园林	内向、私有园林	开放、公共园林	自然共生型园林
人与自然	崇拜亲和	亲和	控制自然到亲和自然	和谐共生

然界"的口号。1972年,联合国在斯德哥尔摩召开人类环境会议,把保护城市公园和绿地的活动扩大到保全自然生态环境的区域范围。

一、古典园林

古典园林是世界园林发展的第二阶段,对于西方国家是截至18世纪中期,即工业革命之前。而对于中国是直到清朝末年。这一时期的园林为统治阶级服务,以追求景观的视觉美和精神寄托为目的,园林封闭内向,造园家多为工匠、文人和艺术家。

文人艺术家所创造的园林,表现的是他们的精神寄托和审美取向。同时,这一时期的园林均为皇家园林或私家园林,自然筑起城墙或围墙形成封闭的园林环境。

二、现代园林

1978年之后,中国开始改革开放和社会主义现代化建设的新时期,园林进入快速发展阶段,即中国的现代园林阶段。

2017年中华人民共和国住房和城乡建设部颁发《风景园林基本术语标准》编号:CJJ/T 91-2017,其中界定了园林概念,园林是在一定地域内运用工程技术和艺术手段,通过因地制宜地改造地形、整治水系、栽种植物、营造建筑和布置园路等方法创作而成优美的游憩境域。

概念中强调了设计原则、设计方法、设计目标、布局形式。

首先概念中强调了艺术与技术相结合的设计原则。如位于雄安新区的雨水街坊空间设计就结合了文化、艺术与技术的表达(图1-1)。

概念强调因地制宜的设计方法。所谓因地制宜即尊重场地现状,因地造景,不仅节约成本还有利于创造场地特色。如婺源互通立交景观设计(图1-2)以婺源盛产的荷包红鱼、绿茶、纸砚、雪梨四大特产为依托,充分结合场地地形地貌,在地势最低的地块大量种植具有经济价值的雪梨,形成雪梨谷;在地势较高的地方做简洁茅草屋,并以此为中心螺旋式种植绿茶,形成玄茶道;在地形起伏的场地顺势做出抽象鱼儿的地形雕塑鱼竞游;在有水洼的场地中配合数块置石形成景点洗砚池。婺源互通立交景观设计尊重场地环境,与当地自然特色和人文特色和谐一致。

概念的第三个内容是设计目标,概念里提到给人们提供优良的游憩环境,在某种程度上可以认为衡量园林设计优劣的标准是看环境是否满足了人们多样的活动需求。这处休闲场地(图1-3)设计了多种空间,多人交流空间、独处私密空间、活动空间、休憩空间,有林荫、阳光、开敞、围合。如位于河北固安新城的中央公园占地约20.5万平方米(图1-4)。公园充分考虑使用者的参与性与观赏游览及休憩功能,为城市居民提供了亲近自然的休憩空间,使其轻松享受公园的草坪、湖泊和其他自然景观。并充分考虑人们的亲水性以及广场的多功能性,设计了一处水深仅为3厘米的无边际水景,边缘石材采用斜面处理,便于游客安全玩耍。同时将池水的收集和铺装进行一体化设计,当需要大型广场的活动场地时,只需关闭水闸,水景即刻转变成铺装广场。公园设置了多个功能丰富的共享空间,如娱乐设施区、游览步道、健身空间、科普园区等,打造服务于城市居民、增加城市活力的现代化公园。

概念的第四个内容是布局形式。如济宁鱼台县的棠邑公园(图1-5),设计有5米宽的主环路联通四个出入口;设计1.5~3米宽的特色步行道,贯通每个景点;在滨水岸边设计环形滨水游步道。东入口为棠邑公园主入口,结合周边建筑布局,形成文化景观大道,入口雕塑结合跌水形

图1-1 雄安新区的雨水街坊空间设计

图1-2 婺源互通立交景观设计

图1-3 休闲场地

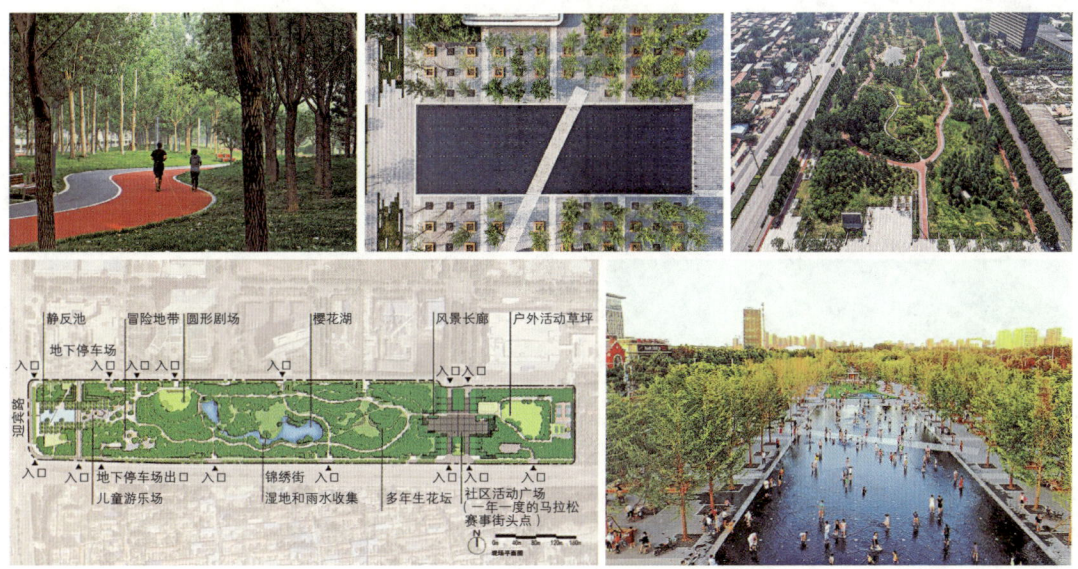
图1-4 河北固安新城的中央公园

图1-5 济宁鱼台县的棠邑公园

成悠远流长的入口形象，两侧设计景观柱，题刻孝贤文化主题词；沿水景西行，两侧跌水形成环抱之势，与鲁隐公雕塑汇流，途经观鱼大道，最后到达武棠亭，广阔的水景尽收眼底。可见，棠邑公园的入口空间要素丰富，任何一处园林的物质环境都是地形、水系、植物、建筑和园路有机组合形成的，只是组合方式和比例不同罢了。

园林的布局形式便是将道路、水系、绿地等要素合理组织在一起的方法，园林布局形式分为规则式、自然式和现代式。

规则式布局是将植物、道路、水系、地形和建筑按照轴线对称布局，具有严整对称关系，追求图案美的特点。规则式布局给人以雄伟、整齐、简洁大方、视线开阔、庄严肃穆、豪华热烈的感受。所以在市政广场、纪念空间、入口集散空间，或有对称轴的建筑庭院中常采用规则式布局。

规则式布局的设计方法是轴线法（图1-6），首先运用纵横两条相互垂直的直线组成轴线，作为控制全园布局构图的"十字架"；然后由主轴线派生出若干次轴线，或相互垂直，或呈放射状分布，一般左右对称，有时还上下、左右均对称。

自然式布局的特点是自然、自由、有法无式、循环往复。这种形式适合于有山、有水、有地形起伏的环境，以回归自然、轻松活泼、含蓄幽雅、意境深远见长（图1-7）。

自然式布局的设计方法是用山水法，首先把自然景色和人工景观通过山水骨架融合在一起，以此为基础再设计蜿蜒曲折的道路和广场、建筑及设施，形成有机的自然式布局。

现代式布局是20世纪初受西方现代艺术的影响而逐渐形成的（图1-8），以矩形、三角形、圆形、椭圆形、

图1-6　轴线法

图1-7　自然式布局

图1-8　现代式布局

曲线、直线、斜线等为母体，运用变形、集中、提炼等方法形成空间。布局具有鲜明的装饰性和规律性，线条比自然式的流畅，更有规律可循，比规则式的活泼，更富有变化。整体空间富有新意和时代感。先后出现以丹克雷为代表的结构主义（图1-9）、以詹克斯为代表的大地主义（图1-10）、以彼得·沃克为代表的极简主义（图1-11）、以屈米为代表的解构主义（图1-12）等景观设计风格流派。

三、风景园林

风景园林是规划、设计、保护、建设、管理户外自然和人工境域的学科。根本使命是协调人和自然之间的关系，其包含的主要内容如下。

（1）大地景观规划与生态修复：以维护人类居住和生态环境的健康与安全为目标，主要工作领域包括：区域景观规划、湿地生态修复、旅游区规划、绿色基础设施规

图1-9 结构主义景观设计风格

图1-10 大地主义景观设计风格

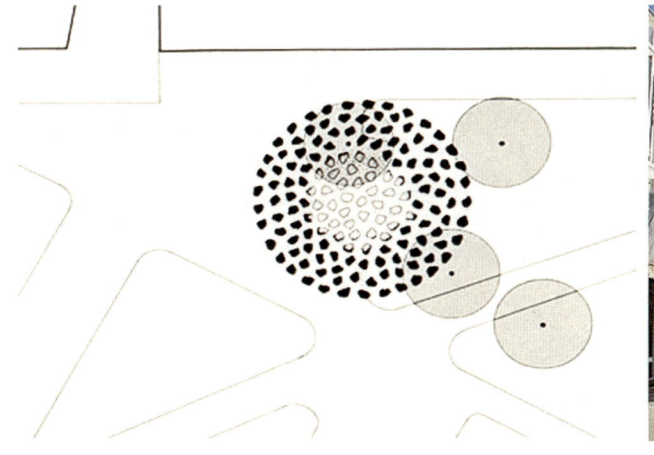

图1-11 极简主义景观设计风格

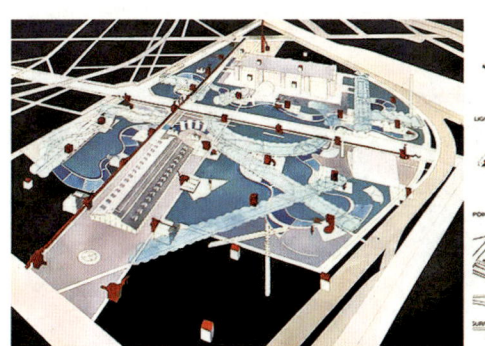

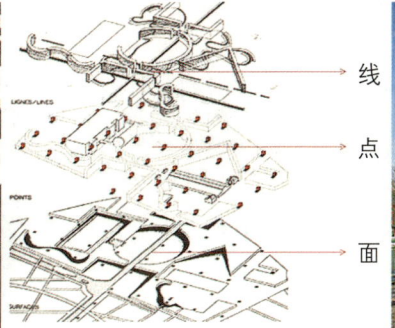

图1-12 解构主义景观设计风格

划、城镇绿地系统规划等。

（2）风景园林遗产保护：对具有遗产价值和重要生态服务功能的风景园林境域保护和管理的学科。实践对象包括自然及文化混合遗产、文化景观、乡土景观、风景名胜区、地质公园、遗址公园等遗产地区。

（3）风景园林规划与设计：是营造中小尺度室外游憩空间的应用性学科。它以满足人们户外活动的各类空间与场所需求为目标，研究和实践范围包括公园绿地、道路绿地、附属绿地、庭园、屋顶花园、室内园林、城市广场、街道景观、滨水景观，以及风景园林建筑、景观构筑物等。这是风景园林学最为核心的内容。

（4）风景园林工程与技术：风景园林建设和管理中的土方工程、建筑工程、给排水工程、照明工程、水景工程、种植技术等（图1-13）。

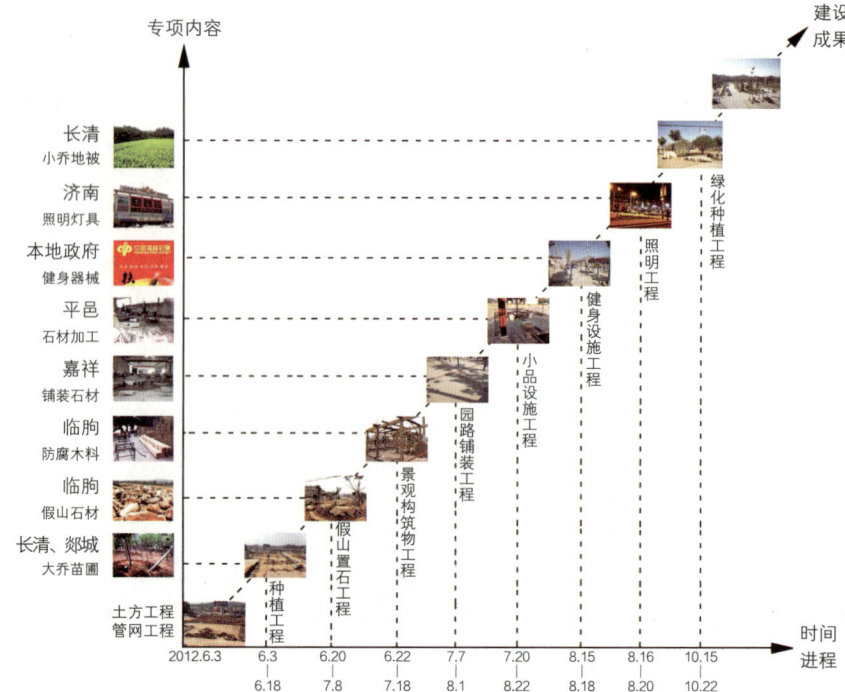

图1-13　风景园林工程与技术

（5）园林植物与应用：风景园林的植物多样性与保护、树种规划、植物资源收集与遗传育种、植物栽培与养护等（图1-14）。

现代园林专业高度吻合国家建设发展。国家提出的美丽中国、生态文明、乡村振兴政策无不与风景园林专业范畴密切相关，现代园林专业有责任也有义务服务于国家更美好的发展建设。

现代园林专业，属于在中国古典园林基础上结合国家传承传统文化和建设生态环境、提高人类生活质量的实际需求而发展起来的应用型学科，表征现代中国的社会文化与生态价值。从古典园林到现代园林，有六个方面发生了重要变化。

第一，服务对象方面，从为少数人服务拓展到为人类及其栖息的生态系统服务；为人民而设计、为生态系统而设计（图1-15）。

第二，价值观方面，从较为单一

图1-14　园林植物与应用

的游憩审美价值取向拓展为生态和文化综合价值取向（图1-16）。

第三，实践尺度方面，从中微观尺度拓展为大至全球，小至庭院景观的全尺度。

第四，设计元素方面，园林调色板上的素材由植物山石水系扩展到土地、岩石、水、混凝土、砖、木头、瓦、钢、塑料和玻璃等许多自然和人工素材（图1-17）。

第五，设计方法方面，从对景、主景、框景等视觉手法拓展为大尺度景观规划设计中的生态方法和感性工学理论的以人的生理、心理需求为本的设计方法。

第六，布局形式方面，从传统的自然和规整式布局形式拓展到现代布局形式，满足不同的设计需求。

图1-15 服务对象变化体现

图1-16 价值观变化体现

图1-17 设计元素变化体现

第二节　世界古典园林的类型

世界古典园林在不同的社会生活、宗教文化、自然环境等影响下形成三大园林体系，分别是伊斯兰园林体系、欧洲园林体系和东方园林体系。

一、伊斯兰园林体系

伊斯兰园林体系受伊斯兰教影响深刻，是一种模拟伊斯兰教天国的高度人工化、几何化的园林艺术形式。

印度泰姬陵是伊斯兰园林体系的代表作品。印度泰姬陵墓及陵园是17世纪初，莫卧儿帝国皇帝沙·贾汗为其妻子阿姬曼·芭奴所建造的，1632年破土动工，每天有两万名工匠修建，用了22年时间才建成。陵园四周被一道红砂石墙围绕，分为两个庭院：前院古树参天，奇花异草，开阔而幽雅；后面的庭院占地面积最大，十字形的宽阔水道交汇于方形的喷水池，后院的主体建筑是泰姬陵墓，居于中轴线末端的陵墓是唯一的构图中心，陵墓观赏距离良好，体形洗练、比例和谐、主次分明（图1-18）。

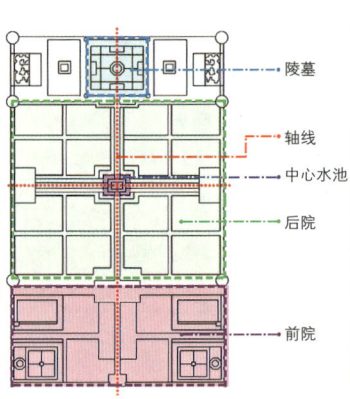

图1-18　印度泰姬陵

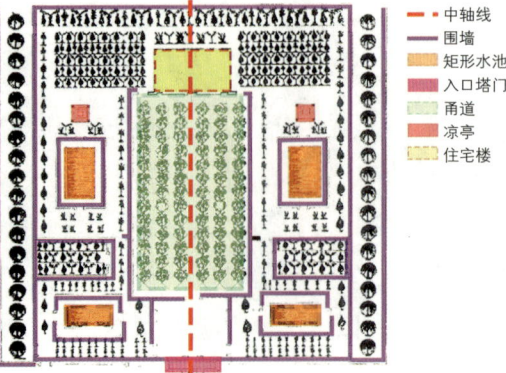

图1-19　埃及古墓挖出的埃及宅园平面复原图

二、欧洲园林体系

欧洲园林体系以古埃及为渊源，以法国规则式园林和英国自然风景式园林为两大流派。

古埃及属于沙漠地区，所以古埃及人视水与植物最为珍贵。古埃及濒临尼罗河，古时的尼罗河流经常泛滥，冲毁农田及农田的界限，所以古埃及人需要重新丈量土地，在一次次的土地丈量过程中逐渐发展了几何学。于是古埃及人把几何学的概念也运用到园林设计中，房屋、树木、水体都按照几何形状安排，这是世界上最早的规整式园林，也从侧面反映了园林起源于生活的道理。

根据埃及古墓中挖掘出的石刻所绘制的埃及宅园平面复原图可以看到布局形式为中轴对称式。区域划分方式是利用园中的矮墙分割成大小不一的区域。四周建围墙，形成封闭式庭院。入口建塔门，与甬道直通住房，形成轴线，甬道两侧对称布置凉亭和水池，池中养水禽、种睡莲，甬道上覆以拱形葡萄架（图1-19）。

由安德烈·勒诺特尔（André Le Nôtre）设计的凡尔赛宫苑是法国规整式园林的代表（图1-20），凡尔赛宫苑规模宏大，纵轴长3千米，其中一半是十字形大运河，尺度分别是1650米长、62米宽，1070米长、80米宽，有统一的主轴、次轴、对景，布局整齐划一，园内道路、树木、水池、亭台、花圃、喷泉等均呈几何图形，水体以静水为主，道路交会处常设置喷泉、雕塑作为对景，且多为美丽的神话或传说的描写，树木以不同深浅的绿色为基调，喜用绿丛植坛（图1-21）。

英伦三岛多起伏丘陵，17—18世纪时，由于毛纺业的发展又开辟了很多牧羊的草场。森林、草场、丘陵构成了如画的英国天然风景，这种景观在一定程度上促进了自然风景式园林在英国的兴起。以兰斯洛特·布朗（Lancelot Brown）的园林设计为典型代表，布朗反对一切对成布局和几何形状，代之以自然的树丛和草地，喜欢用大草坪，做平缓坡度伸向水平，形成弯曲的道路和蜿蜒的河流，讲究借景及与园外自然环境的融合，从而形成广阔的田园风格（图1-22）。

图1-20 凡尔赛宫苑

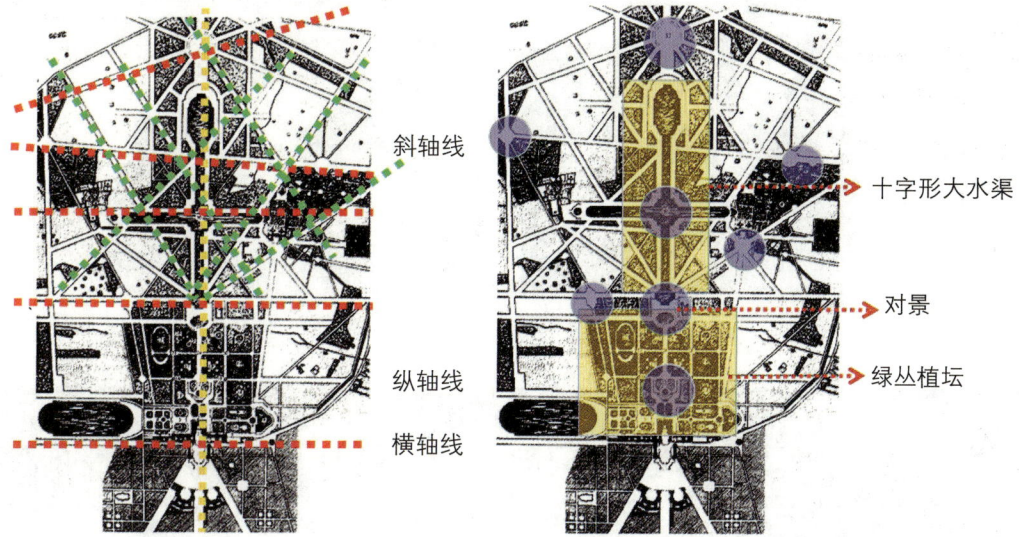

斜轴线

十字形大水渠

对景

绿丛植坛

纵轴线
横轴线

图1-21 凡尔赛宫苑平面布局

图1-22 英国自然风景园林

三、东方园林体系

东方园林体系起源于中国,以中国和日本为代表。

日本古典园林是自然风景的缩景园,十分精致和细巧,在狭小的空间中高度概括抽象,表现自然与心境。8世纪时,日本受中国唐代园林影响形成以湖、山、岛屿、桥、建筑、植物为元素的池泉筑山庭(图1-23)。13世纪时,日本园林在逐渐的概括与抽象中形成了以白沙拟水、置石拟山为主要元素的枯山水平庭(图1-24)。15世纪,日本园林出现了以草地、飞石、石灯笼、洗手钵、自然形态的植物为主要元素的茶庭(图1-25)。茶庭顺应自然,四周围有竹篱,有庭门和小径通到最主要的建筑,即茶汤仪式的茶屋。茶庭面积虽小,但要表现自然的片断具有深山野谷幽美的意境,更要和茶的精神协调,能使人默思沉想,一旦进入茶庭好似远离尘凡一般。

中国古典园林运用各个艺术门类之间的触类旁通,将园林建筑与山水花木有机地组织在一系列风景画面之中,使得园林从总体到局部都包含着浓郁的诗、画情趣。中国的诗画艺术十分强调意境,那么融合诗画艺术的园林自然饱含意境内涵,从而形成诗情画意的写意山水园林(图1-26)。

图1-23　8世纪日本古典园林

图1-24　13世纪日本古典园林

图1-25　15世纪日本古典园林

图1-26 中国古典园林

第三节　中国古典园林的类型

中国古典园林是就世界园林发展的第二阶段的中国园林体系而言。它由中国的农耕经济、集权政治、封建文化培育成长，比起同一阶段的其他园林体系，历史悠久、持续时间最长、分布范围最广，这是一个博大精深而又源远流长的风景式园林体系。

一、造园方式

按照园林基址的选择和开发方式的不同，中国古典园林可以分为人工山水园和天然山水园两大类型。

1. 人工山水园

人工山水园，即在平地上开凿水体、堆筑假山，人为地创设山水地貌，配以花木栽植和建筑营构，把天然山水风景缩移摹拟在一个小范围之内。这类园林均修建在平坦地段，尤以城镇内居多。在城镇的建筑环境里面创造天然野趣的小环境，犹如点点绿洲，故也称为"城市山林"（图1-27）。

它们的规模从小到大，包含的内容由简到繁。一般说来，小型的在0.5公顷以下，中型的为0.5~3公顷，3公顷以上的就算大型人工山水园了。人工山水园的四个造园要素之中，建筑是由人工经营的自不待言，即便山水地貌也出于人为，花木全是人工栽植。因此，造园所受的客观制约条件很少，人的创造性得以最大限度地发挥。艺术创造游刃有余，必然导致造园手法和园林内涵丰富多彩。所以，人工山水园乃是最能代表中国古典园林艺术成就的一个类型。

2. 天然山水园

天然山水园，一般建在城镇近郊或远郊的山野风景地带，包括山水园、山地园和水景园等。规模较小的利用天然山水的局部或片段作为建园基址，规模大的则把完整的天然山水植被环境围起来作为建园的基址，基址的原始地貌因势利导做适当的调整、改造、加工，然后配以花木栽植和建筑营构，着重表现天然风致之美。

如颐和园是利用昆明湖、万寿山为基址，以杭州西湖风景为蓝本，汲取江南园林的某些设计手法和意境而建成的一座大型天然山水园，也是保存最完整的一座离宫御苑（图1-28）。

如静明园是以玉泉山为主要建园基址的皇家园林，属于山水园，形成玉峰塔、妙高塔等四座不同形式的佛塔，及"廓然大公""涵万象"等庭院。结合玉泉湖设置湖中三岛，岸边有"玉泉趵突""延绿厅""影镜涵虚"等景观（图1-29）。

如静宜园是以北京西山山系的一部分为基址而建成的行宫御苑，属于山地园。香山丘壑起伏，林木繁茂，景点分散于山野丘壑之间，具有浓郁的山林野趣、自然气息（图1-30）。

兴造天然山水园的关键在于选择基址，如果选址恰当，则能以少额的花费而获得远胜于人工山水园的天然风景之趣。有些大型天然山水园，其总体形象无异于风景名胜区，所不同的是后者经过长时期的自发形成，而前者则在短期内自觉规划经营。

图1-27　人工山水园

图1-28　颐和园

图1-29　静明园

图1-30　静宜园

二、隶属关系

如果按照园林的隶属关系来加以分类，中国古典园林也可以归纳为若干个类型，其中主要的类型有三个：皇家园林、私家园林、寺观园林。除此之外，还有一些类型尚未成熟，还不具备明显特征，是古典园林里并非主体、主流的园林类，例如，衙署园林、祠堂园林、书院园林、公共园林等。

1. 皇家园林

皇家园林属于皇帝个人和皇室所私有，古籍里称之为苑、宫苑、御苑、御园等的都可以归属于这个类型。秦代开创了以地主小农经济为基础的中央集权的封建大帝国，政权集中于皇帝。自秦以后直到明清的整个封建社会时期，形成了皇帝一人独大的统治。皇帝号称天子，奉天承运，代表上天来统治寰宇。他的地位至高无上，是最高统治者。严密的封建礼法和森严的等级制度构筑成一个统治权力的金字塔，皇帝居于这个金字塔的顶峰。因此，凡与皇帝有关的起居环境，诸如宫殿、坛庙、园林乃至都城等，莫不利用其规模的宏大、气势的恢弘、建筑形象和总体布局以显示皇家气派和皇权的至尊。皇家园林尽管是模拟山水风景的，也要在不悖于风景式造景原则的情况下尽情显示皇家气派。再者，皇帝能够利用其政治上的特权和经济上的雄厚财力，占据大片的地方营造园林供一己享用，无论人工山水园或天然山水园，规模之大远非私家园林可比拟。秦汉至明清，历史上的每个朝代几乎都有皇家园林的建置，它们不仅是庞大的艺术创作，也是一项耗资甚巨的土木工事（图1-31）。它们规模宏大，园址选择自由。作为皇家园林代表的圆明园200多公顷、颐和园300多公顷、承德避暑山庄600多公顷。作为私家园林代表的苏州拙政园4.1公顷、网师园0.53公顷、留园2.3公顷、沧浪亭1.2公顷、怡园0.63公顷、环秀山庄0.22公顷、豫园2公顷、寄畅园0.99公顷。从这一组数据里可清晰发现皇家园林的规模之大远非私家园林可比拟。建筑还通过雄伟的体量、高浓度的红、黄、绿、蓝色和鲜艳的建筑装饰体现皇家园林的富丽堂皇。

同时，皇家园林不断地向私家园林汲取造园艺术的养分，从而丰富皇家园林的内容、提高宫廷造园的艺术水平。以清代康熙、雍正、乾隆时期最为典型，三代皇帝下江南时将南方私家园林的造园特色及景点意境带回皇家园林，呈现出江南园林的诗情画意。

魏晋南北朝以后，随着宫廷园居生活日益丰富多样，皇家园林按其不同的使用情况又有大内御苑、行宫御苑、离宫御苑之分。大内御苑建置在首都的宫城和皇城之内，紧邻着皇居或距皇居很近，便于皇帝日常游憩。行宫御苑和离宫御苑建在都城近郊、远郊风景幽美的地方，或者远离都城的风景地带。前者供皇帝偶一游憩或短期驻跸之用，后者则作为皇帝长期居住、处理朝政的地方，相当于一处与大内相联系着的政治中心。

2. 私家园林

私家园林属于民间的贵族、官僚、缙绅所私有，古籍里面称之为园、园亭、园墅、池馆、山池、山庄、别业、草堂等的，大抵可以归入这个类型（图1-32）。中国古代的封建社会，农民从事农耕生产，为物质财富的主要创造者，读书的地主阶级知识分子掌握文化，一部分则成为文人。缙绅的主要成员是基层的地主及其知识分子，也包括一部分商人和致仕的官僚。他们结成地方势力集团，控制着广大平民百姓。贵族、官僚、文人、地主、富商兴造园林供一己之享用，同时也以此作为夸耀身份和财富的手段，而他们的身份、财富也为造园提供了必要的条件。至于广大的劳动人民——平民和奴婢，迫于生计，衣食尚且艰难，当然谈不到园林的享受了。

由于封建社会有着严格的等级制度，所以，无论在规模还是设施上，私家园林都不能超过皇家园林，也正由于此，中国古典私家园林向着淡雅朴素的方向发展，更大程度上体现了中国传统的"天人合一"自然观。具体表现在：规模较小，造景常以小见大，虽由人作宛自天开，书卷气息浓厚。

由于规模小又要体现丰富的空间感和山水自然意境，所以造景常以小见大，巧用对比的方法表达空间。私家园林的造园家和园主多是文人艺术家，自然而然地将诗歌绘画的内容和意境带入园林。

私家园林按照建造位置的不同分为宅园（图1-33）和别墅园（图1-34）。宅园建立在城镇里面，依附于邸宅作为园主人日常游憩、宴乐、会友、读书的场所，规模不大。一般紧邻邸宅的后部呈前宅后园的格局，或位于邸宅的一侧而成跨院。别墅园建在郊外山林风景地带的私家园林，供园主人避暑、休养或短期居住之用。别墅园不受城市用地的限制，规

图1-31 皇家园林

图1-32 私家园林

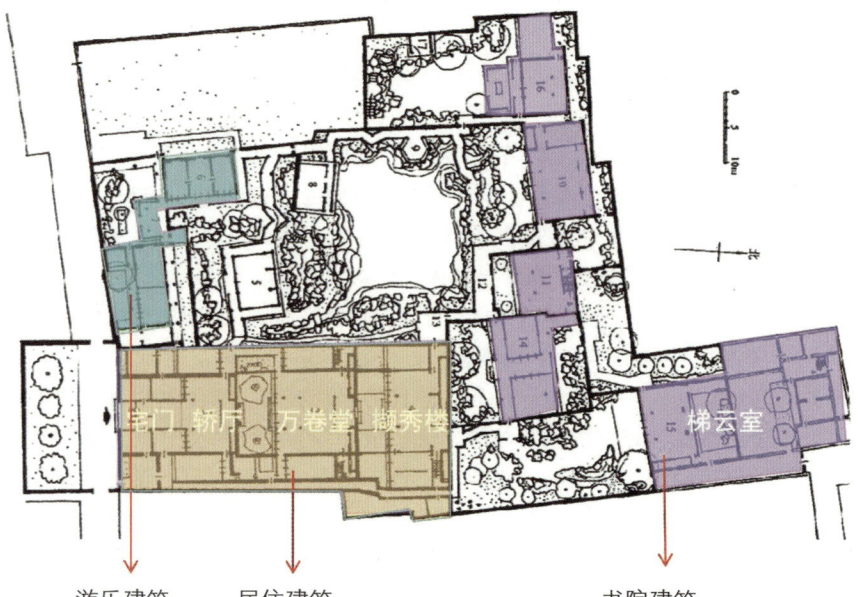

图1-33 宅园

图1-34 别墅园

图1-35 寺观园林

模一般比宅园大一些。

3. 寺观园林

寺观园林即佛寺和道观的附属园林，也包括寺观内部庭院和外围地段的园林化环境（图1-35）。佛教和道教是盛行于中国的两大宗教，佛寺和道观的组织经过长期的发展而形成一整套管理机制——丛林制度。寺、观拥有土地，也经营工商业，而世俗的封建政治体制和家族体制正是丛林制度之本。因此，寺观的建筑形制逐渐趋同于宫廷、邸宅，乃是不言而喻的事情。再从宗教信仰方面来看，古代"重现实尊人伦"的儒家思想占据着意识形态的主导地位，无论外来的佛教或本土生长的道教，公众的信仰始终未曾出现过像西方那样狂热、偏执的激情。

就佛寺而言，到宋代末期已最终完成寺院建筑世俗化的过程，它们并不表现超人性的宗教狂迷，反之更多地追求人间的赏心悦目、恬适宁静。从历史文献上记载的以及现存的实例看来，寺、观既建置独立的小园林，如宅园的模式，也很讲究内部庭院的绿化，多有以栽培名贵花木而闻名于世。郊野的寺、观大多修建在风景优美的地带，周围向来不许伐木采薪，因而古木参天、绿树成荫，再配以小桥流水或少许亭榭的点缀，又形成寺观外的园林化环境，这在山岳地带的寺观尤为精彩。正由于庭院绿化和外围的园林化环境，寺观园林益发显现其不同于皇家和私家园林的类型特征。许多寺观也因此而成为"园林寺观"，历来文人名士都喜欢借住其中读书养性，帝王以之作为驻跸行宫的情况也屡见不鲜。

本章思考题

1. 谈谈园林布局形式与情感感受的关系。
2. 论述从古典园林到风景园林的重要变化。
3. 谈谈中国古典园林按照隶属关系分类的类型名称及每一类型的特点。
4. 举例说明自然式布局的设计方法。
5. 举例说明规则式布局的设计方法。
6. 举例说明现代式布局的设计方法。
7. 谈谈风景园林学的研究内容。
8. 谈谈雄安新区的雨水街坊空间设计色彩台地花园中五颜六色的有机覆盖物的作用。
9. 谈谈世界园林发展过程中的四大阶段及其出现背景。
10. 谈谈世界古典园林形成的三大园林体系及其主要风格。

第二章 主题立意

PPT 课件

园林景观设计的立意即主题思想，只有充分挖掘场地内涵，恰当立意，才能创造出有品位和丰富审美情趣，体现时代感的园林景观。我国古典园林之所以能在全世界产生巨大的影响，归根到底是由于立意非常独特，蕴含意境。寻求独特的立意方法已是当今园林景观设计的一种趋势。

立意是指园林景观设计的总意图，即设计思想的确定。就是设计者综合考虑功能需要、艺术要求、环境条件等因素后产生的总的设计意图，也就是设计的根据、设计的出发点。

园林设计的首要是构思立意，园林景观设计都有造园主题，起着控制园林全局景观的作用。各园都围绕立意和置景进行布局，既力求整体统一、情景交融，表现其共性，又突出各自特色、得其所宜，展示其独特韵味。在园林景观设计中，立意既关系到园林景观设计的目的和意义，也是景观设计中采用各种构图手法的依据。所以，立意在园林景观的创造中有着举足轻重的作用，其优劣决定了整个设计的成败。园林艺术创作是综合考虑人们的审美趣味和园林绿地的自然条件、使用功能等，并通过对园林空间景观艺术形象的组织创造出美好的园林意境。

第一节 意境的属性

一、古典园林意境的属性

意境，指抒情表意在诗、书、画、歌舞、戏剧、园林等艺术中的审美境界，是心与物、情与景、意与境的交融结合。境的营造以意为灵魂，意又需要境来体现，二者互为关联，虚实相生。

受传统文化尤其受诗歌、绘画影响的中国古典园林，自然充满意境。许多园林景观都是将前人诗文中的某些境界场景以具体形象复现出来。而且具有或多或少的画意，所以园林的诗情画意正是园林意境得以实现的前提。

何为园林意境呢？简言之，意：主观理念、感情。境：客观景物。意境：产生于意、境的结合，即设计者把自己的理念感情熔铸、物化到客观的景物之中，从而激发观赏者同样的、类似的情感。

意是设计的灵魂，制约着境的创造，同时，意境不能凭空产生，它必须以物境为载体，落实到物境的具体描绘上，把人们凭感官可以感觉到的物质空间升华为可以对人的情感起作用的意境空间。中国古典园林艺术不同于世界上其他园林体系的特点，就在于它不以创造呈现在人们眼前的具体园林形象为最终目的，而强调一种形外之意。在设计中追求的是一种从"物境"到"心境"的转换。

苏州拙政园的与谁同坐轩西部景区的景点，三面临水，一面靠山，若要进入此轩，唯有一条绕山小路，坐在轩中，倍感静谧，一轮明月，习习微风，如此的外在环境所表达的内涵便是苏轼的词："与谁同坐，明月清风我"，大概只有明月、清风和水中我的倒影才能为伴，表达出没有同伴的孤独之情（图2-1）。

中国古典园林"意"的内容根据园林属性而定。皇家园林属于皇室和皇帝个人所有。所以皇家园林必以皇恩浩荡、至高无上为主要意图，具有浓重的皇权象征寓意；私

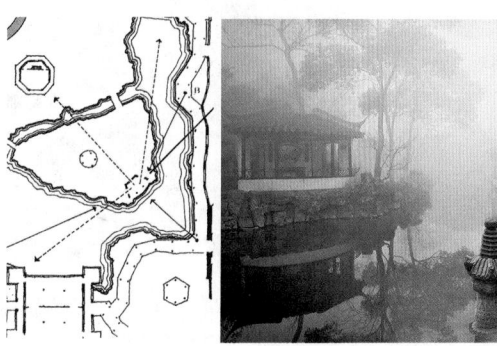

图2-1 与谁同坐轩平面图及环境图

家园林属于民间的贵族、官僚、缙绅所私有，有的想耀祖扬宗，有的想拙政清野，有的想升华超脱，而多数为崇尚自然，自得其乐，乐在其中。这就是《园冶·兴造论》所谓"……三分匠，七分主人……"之说（图2-2）。

承德避暑山庄有三大景区，湖泊景区具有浓郁的江南情调，平原景区宛若塞外景观，山岳景区象征北方名山，避暑山庄融南北风景于一园之内，蜿蜒于山地的宫墙宛如万里长城，园外有众星拱月的外八庙，分别为藏、蒙、维、汉的民族形式。园内外浑然一体的大环境就好像以清王朝为中心的多民族大帝国的缩影。正如乾隆说："我皇祖建此山庄与塞外，非为一己之豫游，盖贻万世之缔构也。"作为民族团结和国家统一象征的创作意图，借助于造园的规划设计加以体现，并与园林景观完美结合（图2-3）。

明嘉靖年间御史王献臣仕途失意归隐苏州后建造拙政

（a）皇家园林　　　　（b）私家园林

图2-2　意的属性

园，名字取自晋朝《闲居赋》的一段话："筑室种树，逍遥自得……灌园鬻蔬，以供朝夕之膳……此亦拙者之为政也。"暗喻浇园种菜为自己的"政事"（图2-4）。网师乃渔夫、渔翁之意，又与"渔隐"同意，含有隐居江湖的意思，网师园便意谓"渔父钓叟之园"，园内的山水布置和景点题名蕴含着浓郁的隐逸气息（图2-5）。

（a）平原景区　　　　　　　　（b）山岳景区

图2-3　承德避暑山庄及周围寺庙

（c）外八庙　　　　　　　　（d）湖泊景区

图2-4　拙政园　　（a）绿漪亭　　（b）秀漪亭　　（c）枇杷园

图2-5 网师园(射鸭廊与钓鱼台)

二、现代园林意境的属性

那么当下中国风景园林的发展必然与生态文明的社会价值取向相一致、协调。

党的十八大以来,我国高度重视传统文化建设。我们有"自强不息""革故鼎新""扶危济困""天人合一""以人为本""民惟邦本""居安思危""与人为善""和而不同"等优秀传统文化,也有在中国革命、建设、改革的伟大实践过程中孕育的井冈山精神、长征精神、延安精神、西柏坡精神、雷锋精神、大庆精神、"两弹一星"精神、航天精神、北京奥运精神、抗震救灾精神等。还有在短短几十年的社会主义实践中创造的中国道路、中国模式、中国奇迹等。

党的二十大报告指出,增强中华文明传播力影响力。坚守中华文化立场,提炼展示中华文明的精神标识和文化精髓,加快构建中国话语和中国叙事体系,讲好中国故事、传播好中国声音,展现可信、可爱、可敬的中国形象。在当今这个文化互渗的背景下,我们要捍卫中国文化。民族的才是世界的,成功的设计师一定是基于对本土文化的关怀。作为文化表征的现代园林是中国文化重要的传承方式,通过显性和隐性方式进行直观输入与潜移默化的文化传播,让文化通过现代园林说话,如此,我们的园林才能再创辉煌。

那么风景园林的主题是什么内容呢?风景园林主题是根植于场地的自然环境和人文环境、功能需要、人文历程,由设计师经过查找、选择、提炼、转化,综合考虑所产生的设计意图。

查找是要查找当地的自然环境和人文环境、功能需要、人文历程的相关资料。选择是指从查找的资料里选择你认为最能代表场地主题的主要内容,然后将选择的内容进行升华与提炼,最后将提炼的主题转化为构筑物、植物、地形、水系等组成的物质环境。

三、案例解析

山东济南大明湖风景名胜区的扩建规划(图2-6),结合景点塑造及功能植入,强调非物质文化遗产保护,通过挖掘历史、典籍、遗存、民俗等文化内容形成景点主题,例如,与南宋诗人辛弃疾相关的方圆天地,与北宋文学家曾巩相关的七桥风月、湖山天地、萦堤远水、鸟啼千步,与历史遗迹有关的名楼晚钟、明湖居、清代诗人王士祯读书处、秋柳园,与街巷遗迹有关的司家胡同、秋柳街、学院街,体现济南民俗与生活方式的济南明府城民俗博物馆、超然楼、司家码头、司家小院、济南茅舍等(图2-7)。

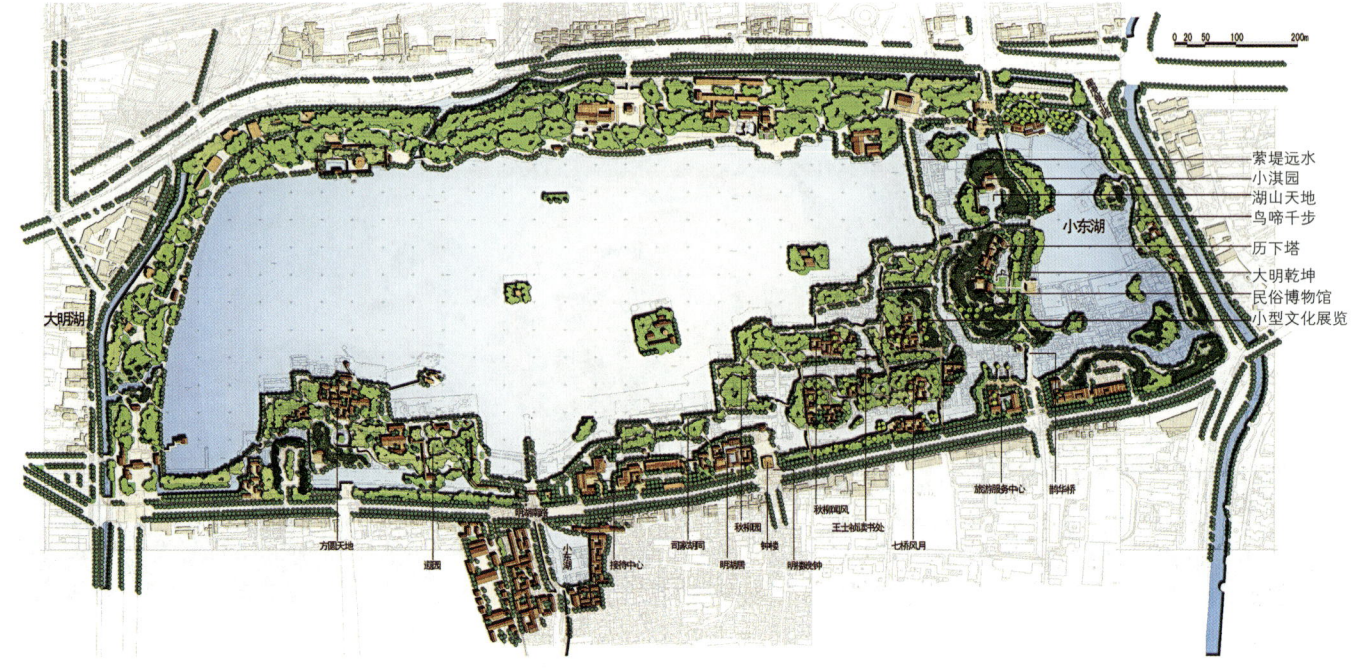

图2-6 大明湖平面图

图2-7 大明湖实景图

第二节 意境的创造

一、古典园林意境的创造

中国古典园林意境创作的常用手法分为两大类：一是山水形态表达意境；二是以建筑为主体表达意境。

创造山水形态表达自然主题常借助于人工的叠山理水把广阔的大自然山水风景缩移模拟于咫尺之间。所谓

"一拳则太华千寻，一勺则江湖万顷。"这一拳、一勺是针对园林中具有一定尺度的假山和人工开凿的水体而言，由园林空间的石、水形成的物质环境通过观赏者的移情和联想，衍生出意境的自然生态美，但前提条件在于叠山理水的手法能够再现山水多样形态，在自然原始面貌的基础上用写意的方法再现于园内，以传自然之神（要素相互依存），而不仅是用写实的方法还原自然的原貌（图2-8）。

以建筑为主体表达意境的内容多是借助古人的文学艺术创作、神话传说、遗闻轶事、历史典故乃至风景名胜的模拟等表达：情操、品德、哲理、生活、理想、愿望和憧憬。并通过匾额楹联等文学手段对景点进行直接点题，有助于启发人的联想以加强其感染力。

例如，圆明园内有各具特色的景区150多处，有仿效江南山水名胜的，如福海沿岸模拟杭州西湖十景，"坐石临流"仿自绍兴兰亭；有取古人诗画意境的，如"武陵春色"取材于陶渊明的《桃花源记》；有表现神仙境界的，如"蓬岛瑶台"寓意神话中的东海三神山；有象征封建统治的，如九岛环列的后湖代表禹贡九州，体现"普天之下，莫非王土"；有利用异树、名花、奇石作为造景主题的，如"镂月开云"的牡丹、"天然图画"的修竹等。以景名代诗，以诗意造景是建筑为主体表达意境的常用方式，颐和园"知春亭"的造景营造就出自苏轼"竹外桃花三两枝，春江水暖鸭先知"一诗。用水、鸭、桃花、柳树再现诗歌意境（图2-9）。

二、现代园林意境的创造

现代园林设计主题的创造方式主要有四个方面——因地制宜、景观形态、场地记忆、功能需要。

1. 因地制宜——更加强调自然历程

在古典技法的传承与日新月异的科技相互作用下，使得风景园林在因地制宜方面有了更好的突破，人们开始挑战各种类型的场地，同时也给逐渐出现的环境问题提供了解决途径。

朱育帆设计建造的矿坑花园是陈山植物园的核心景点之一，占地4.26公顷，实现了从废弃的采石场到上海的新地标和名片的转变（图2-10）。根据充分的现场分析，矿坑花园分为三个部分：湖区、平台区和深水池。针对不同区域条件采用不同的设计策略来更新采石场景观。在采石场与人之间建立生态友好的联系（图2-11）。

湖区：重建地表结构并丰富生态社区。湖区位于花园的西侧，游客首先从主入口进入。来到设计后的"镜湖"和"赏花平台"，湖面的反射减少了山丘垂直平面的沉闷感；建有"赏花台"的南山不仅隔离了场地外的干扰，而且为花卉种植和展示提供了理想的场所（图2-12）。

平台区：改善空间顺序并开放观光景点。平台区位于露台区和山丘之间，周围有6个出入口，出口和入口之间由三层带挡土墙的后退地板相

图2-8 叠山理水

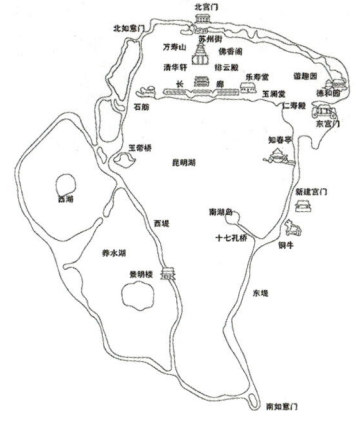

图2-9 圆明园

图2-10 采石场鸟瞰

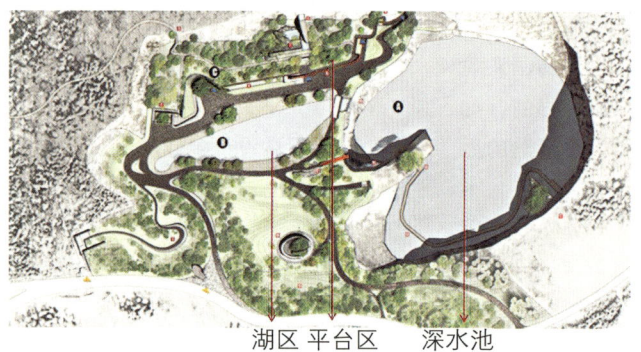

湖区 平台区 深水池

图2-11 采石场改造平面图

图2-12 "镜湖"与"赏花平台"

连。靠背的地板上长满了各种灌木。自由的石墙和生锈的钢板通过有节奏的变化来重塑立面顺序，探索各种爬山路线，使人们可以到达平台的顶部，并参观各种植物的"秘密花园"（图2-13）。

深水池：创建连接东西方采石场的戏剧性路线。深水池的水面面积约为1公顷。水深和水面与阶地之间的高度差在20~30米。由于其独特的空间形式，该区域注定成为该项目的核心区域。其创建了一条观光路线，能够让参观者由多个角度体验采石场，强调可见和可访问的景观体验，进一步加深人们对采矿业文化的了解（图2-14）。

采石场充分利用原有地形环境和人文环境，其功能根据生态恢复和文化重建策略得到充分展示。

2. 景观形态——更加强调文化主题

景观形态是指用显性或隐形的景观形式表达设计主题，使人们产生认同感。

云朵乐园是成都麓湖生态城内道路和湖面之间的一片狭长的滨水绿地，面积约2.5万平方米。云朵乐园的主要概念是将公园儿童活动功能和对水的环境教育功能结合，形成一个寓教于乐的公园。它既是一个有趣的儿童公园，又是一个露天的自然博物馆。以一滴水的故事为概念，从水的不同形态出发，设计了一系列互动的、具有科普意义的景观节点。云、雨，以及冰、雪、溪流、河道、池塘、漩涡等都被巧妙地结合在活动场地和节点设计中（图2-15）。

图2-13 平台区

旱喷泉中引入了机械动力装置，当踩蹬踏板时，喷泉喷射而出，孩子们便可在水流间嬉戏玩耍。人与人、人与自然的互动随之产生。从旱喷泉中喷出的水汇聚在广场中央，顺地形流淌，自然形成一条蜿蜒曲折，可以充分接触体验的溪流"曲溪流欢"（图2-16）。

图2-14 深水池

图2-15 云朵乐园平面图（局部）

以小水滴为灵感,在临湖码头入口处构筑了具有雕塑感的"水滴剧场"。该构筑物由不锈钢异形管材加工而成,其内部水滴状坐凳由镜面不锈钢材料制成,可以弹动,增添了趣味感(图2-17)。

受冰川峡谷形态的启发,设计将场地中一处原有挡土墙和树木为主的穿行空间加以调整,形成了由三角不锈钢镜面构成的能够反射天光的墙壁(图2-18)。墙壁底部配备电子感应设备和音响,每当行人经过,感应设备便会激发音响,发出"叮叮咚咚"的滴水声,宛若峡谷中的回声。

在现有水系的基础上增加了一处可以进入的湿地花园,其中有可近距离观察的各种水生植物、蝌蚪、青蛙和鱼等,为人们提供了良好的自然教育机会。一座满布"冰凌"的拱桥沿湖而立,既保障了湖岸流线的完整性,又满足了通航的需求(图2-19)。

河北省迁安市三里河滨水公园的设计充分挖掘当地民俗特色:剪纸艺术,以玻璃钢材料的"红折纸"来表达这一内涵,利用"红折纸"将所有户外家具和公园设施整合,包括自行车棚、荫棚和雨亭、坐凳都折在一起,成为一条连续的装置艺术品。同时与一条贯穿的木栈道相结合,变成一条体验的走廊(图2-20)。

3. 场地记忆——更加强调人文历程

在规划设计的场地上曾经发生过许多故事,或多或少反映出当时时代的特点,我们在景观设计中最简单可行的方法就是对要素有选择性和创造性的保留,尤其是在历史的进程中被赋予精神和浓缩了人类情感的片段。好的设计使场地记忆得以延续,使历史被铭记。

图2-16 溪流"曲溪流欢"

图2-17 水滴剧场

图2-18 冰川廊道

图2-19 湿地花园

贵州遵义桐梓县中关村的红军墓纪念园，是为纪念缅怀一位不到20岁的普通红军战士而建造的陵园（图2-21），这位小战士的墓就像贵州众多的长征红军墓一样，位于长征路上。正是这些默默奉献了年轻生命的战士，才组成了这条"地球上的红飘带"。通过这一处普通而微小的红军墓设计，追述个体价值和反思历史的本真。

图2-20　走廊

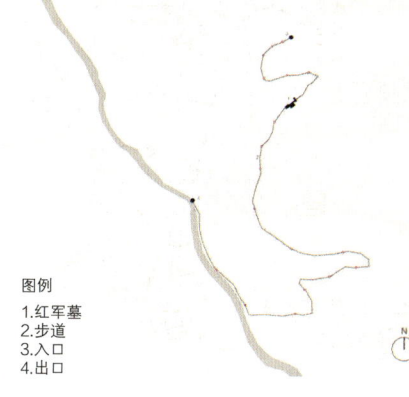

图2-21　红军墓纪念园

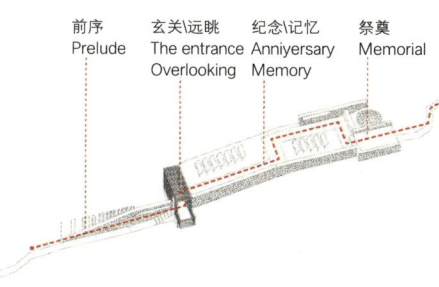
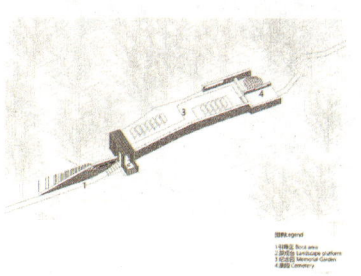

图2-22　空间序列关系　　　图2-23　功能分区

图2-24　实景图

环境的主题决定了空间的性质，空间的性质决定了空间序列的方式。纪念性空间最重要的是表述历史事实，传达设计者对历史事件精神内涵的理解。而景观的物质空间就是构建起设计师与访问者之间的对话桥梁。此红军墓园的设计主要表现两个方面的内容：一是红军长征这一历史事实；二是对在长征途中因病牺牲的普通战士侯忠茂的缅怀。空间序列分为入口、远眺、纪念、祭墓四个部分（图2-22）。

红军墓纪念园的景观营造在最大限度地融入周边环境当中。在尺度上，通过水平方向上的延展来体现纪念性景观的深远意义，而不是垂直方向上的宏大与压迫感的营造。参观者在远处或小路上行走时，能看到的墓园仅有景观亭，作为视觉焦点，其像一面旗帜，指引探索的方向，其他均掩映在山林和农田当中。方案整体为一条悠长的田间小路，串联各个景观节点，2.5千米长的小路，并不平坦，反而有些局促难行，是红军二万五千里长征的象征（图2-23）。

入口处结合石墙的锈色钢管阵列犹如与侯忠茂一样的那些无名的红军战士，在长征的道路上献出了生命（图2-24）。

玄关区的景观亭为钢格栅组成的方形体块，从不同角度观察，能够呈现出虚、实两种状态。在树林中时隐时现，像战争中飘扬的旗帜（图2-25）。景观亭的高度仅为2.8米，宽度为1.2米，是适宜一人或两人停留、思考、交谈的空间。景观亭既是进入墓园的玄关，也可以在此远眺村庄，实现历史与当下的时空对话。

穿过景观亭是纪念区域，该区域结合耐候钢标牌记录了与桐梓县有关的长征实践，一侧石墙上记录了小战士的事迹和相关故事，访客可以在此了解历史，回顾时光。保留的一株山桃从石墙后侧伸出，春季，白色的花瓣随风而落，洒满小径（图2-26）。

最后一个空间是墓区，保留了红

图2-25 景观亭

图2-26 纪念区

图2-27 墓区

图2-28 田中步道与纪念柱

军墓现状，在坟墓前结合墓碑增加了一道低矮的石墙，墓碑横放于石墙之上，高度处于人的视线之下。将先辈与世人放在同一时空，同一高度，更能让人感受到逝去的红军战士也同我们一样，曾经是鲜活的生命（图2-27）。

墓园路径长度约2.5千米，但主体道路宽度仅有0.6米，是在村民日常穿梭于田间的自然小路的基础上改造而来的，铺设了碎石和必要的台阶，道路悠长而曲折。恰似红军长征道路的艰辛与漫长，穿梭在田间的小路犹如体验当年行军之路。在途中设置了18个钢制标牌，参观者在行走中，能够看到随时间排列的长征中重要的节点事件（图2-28）。

墓园设计试图回避惯用的宏大叙事手法，以人的视角重新审视一位普通战士的生命痕迹，空间上没有高大的纪念碑，没有轴线对称，没有营造庄严肃穆的氛围，设计尊重生命，强调每一个个体存在的价值，空间充满温情和思辨。

4. 功能需要——更加强调人群需求

以环境心理学、人体工程学、感知行为学等为理论基础，切实分析人的生理、心理及行为需求，除此之外，为了满足人们日渐丰富的精神文化需求。风景园林设计还要思考及实现人们的精神层面需求，这都是场地功能更加合理的表现。

彩虹通道（图2-29）位于上海南翔地铁站与金地格林世界格林公馆之间，作为许多人回家的必经之路，它曾被差评："黑，令人害怕。""夜晚冷冷清清。""没有光亮。"通过调查采访来往路人发现，这条路一到晚上便一片漆黑，令人感到害怕孤寂。所以场地的痛是缺乏"光与温暖"，不符合人的切实需要。

设计师希望做一条幸福回家路，和每天新旅程的开启点。而彩虹，正如在大气中存在的梦境化的美好景象。希望用彩虹照亮人们的归途。走

图2-29　彩虹通道实景及鸟瞰

图2-30　彩虹通道细部

过这条通道的人有彩虹色的心情。

64根柱子顺应桥洞间的折线道路序列形成七彩渐变色，它让一条连接金地格林世界社区和南翔地铁站的回家路变成独特的风景线（图2-30）。因为彩虹色的公共区域，给了路人积极地暗示，打造了一个独特的、有包容性的区域，利用彩虹色和光影的效果，使得对人积极的心理暗示干预更胜一筹，而愉悦的心情，正是希望通过彩虹通道设计带给路过的人们的。

第三节　意境的感知

一、古典园林意境的感知

中国古典园林综合运用匾额（楹联）和五感感知物质环境以获得意境，分别是匾额点景、眼观形象、耳听风雨、鼻闻香味、心悟万物。

1. 匾额点景

通过匾额+楹联直接点燃意境主题：点景，明志，正如《红楼梦》里的贾政巡视大观园时说："偌大景致，若干亭榭，无一字标题，也觉寥落无趣，任有花柳山水，也断不能生色。"匾题和对联既是诗文与造园艺术最直接的结合而表现园林"诗情"的主要手段，也是文人参与园林创作、表述园林意境的主要手段。它们使得园林内的大多数景象无住而非"寓情于景"，随处皆可"即景生情"。因此，园林内的重要建筑物上一般都悬挂匾和楹联，其文字点出了景观的精粹所在；同时，文字作者的借景抒情也感染游人，引得他们浮想联翩。如图2-31所示为网师园中部景区景点的匾额和楹联。

2. 眼观形象

人所感知到的信息大部分来自视觉，通过外在的形象感知意境。例如，拙政园香洲大概称得上是造型最为美观的

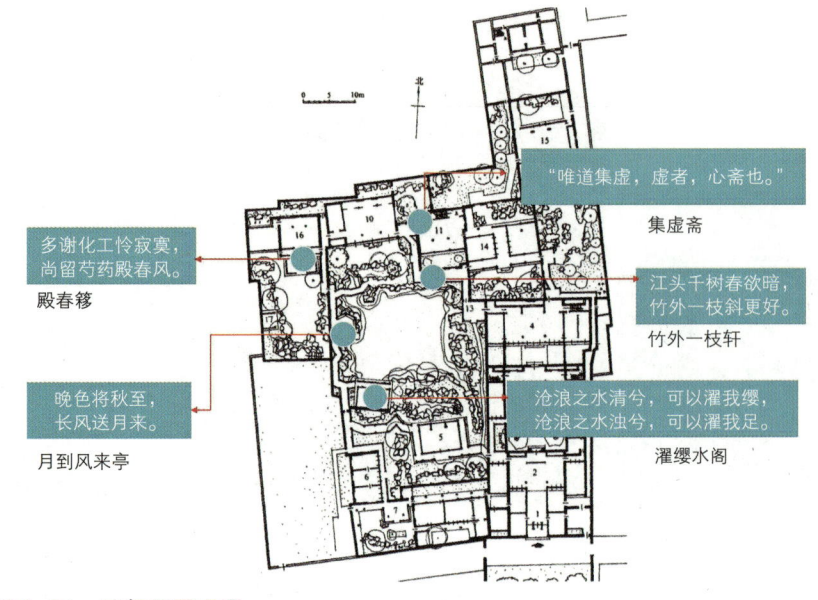

图2-31 网师园平面图

图2-32 香洲

图2-33 荷风四面亭

"旱船"。其由三块石条所组成的跳板登"船",船头是台,前舱是亭,中舱为榭,船尾是阁,阁上起楼,线条柔和起伏,比例大小得当。香洲位于水边,正当东西水流和南北向河道的交汇处,三面环水,一面依岸。通过香洲所处环境和建筑本身的设计形式突出"船"。无论站在远处看香洲这条旱船,还是站在船上身临其境,都已感受到船,再有香洲的匾额与楹联和满眼荷花,不禁使人感到一种对高洁人格的追寻(图2-32)。荷风四面亭坐落在拙政园中部池中小岛,四面皆水,水中种植荷花、莲花亭亭净植,岸边柳枝婆娑。我们所看到的此景正是亭中抱柱联所描绘的场景:"四壁荷花三面柳,半潭秋水一房山"(图2-33)。

3. 耳听风雨

听觉信息主要来自自然界的风和雨,松风是古典园林中非常重要的"声景"。"松风"一词最初见于武昌西山寺,因那里有阁依山,四周松梧参天,风来声闻达数里,故取名为"松风阁"。早在春秋时,圣人孔子已把它经冬不凋作为一种人格坚贞的象征加以叹赏。因此,历代园林大多植有松树,有些园林松密成林,巍然壮观,劲风过处,枝叶攒动,此起彼伏,势如涛海,声似鸣弦,动人视听。拙政园的听松风处突破传统的南北向建筑,而是旋转45°的斜向建筑,这属古典建筑中少见的现象,其目的就是最大程度地感受松风(图2-34)。例如网师园中的待月亭,其横匾曰"月到风来",而对联则取唐代著名文学家韩愈的诗句"晚色将秋至,长风送月来",在这里秋夜赏月,对景品味匾联,确实可以感到一种盎然的诗意(图2-35)。

听雨轩和留听阁都是听雨的景点,意境全然不同,听雨轩取自"蕉叶半黄荷叶碧,两家秋雨一家声"的意境,轩前一泓清水,植有荷花、荷叶;池边有芭蕉、翠竹,轩后也种植一丛芭蕉,前后相映。无论春夏秋

鹓雏晓旭鸣丹谷，
棠棣和风秀紫芝。

图2-34 听松风处

晚色将秋至，
长风送月来。

图2-35 待月亭

蕉叶半黄荷叶碧，两家秋雨一家声。

图2-36 听雨轩

秋阴不散霜飞晚，留得残荷听雨声。

图2-37 留听阁

冬，雨点落在不同的植物上，就能听到各具情趣的雨声，境界绝妙，别有韵味（图2-36）。位于苏州拙政园的留听阁为单层阁，体型轻巧，四周开窗，阁前置平台，是赏秋荷听雨的绝佳处。它的由来为唐代李商隐的"秋阴不散霜飞晚，留得残荷听雨声"诗句，表达的是一种坚强又带有些哀伤的主题（图2-37）。

4. 鼻闻香味

在传统造园中，常常通过植物的气味，也就是通过嗅觉来营造诗情画意的意境。远香堂北面平台宽敞，下有广池。夏日池中有千叶莲花，花蕊簇簇，花香扑鼻，清香四溢，越传得远越觉清淡怡神，景点取宋代文学家周敦颐《爱莲说》中"香远益清"的意境，取名为远香堂。实际上用莲花的特质比喻人性的至善、清净和不染，和君子的品格浑然熔铸，名曰写莲，实则抒写个人情怀，用"香远益清"借喻君子品格高尚（图2-38）。闻木樨香轩是借助桂花的香气形成的景点，位于留园中部景区的最高点，秋高气爽，

图2-38 远香堂

图2-39 闻木樨香轩

图2-40 待霜亭

建筑周边种有许多桂花，秋风送来阵阵桂花香（图2-39）。

5. 心悟万物

在传统园林中，也有不少的景点是需要发挥人们的想象力才可以品悟到造园者的意图的。例如，拙政园中部景区池中两山，一大一小并列，西岛较大，山势平缓，山顶便是矩形方亭——雪香云蔚亭；其东岛较小，但较高耸陡峭，山间有攒尖顶的待霜亭。通过对比的设计手法：平缓的山势更能衬托出待霜亭所处岛屿的陡峭，矩形屋顶更能衬托出攒尖顶的待霜亭的高耸，坐在待霜亭中好像置身于云霄之中，霜从天降。而待霜亭实际的海拔高度只有3.5米左右，这是需要游览者发挥想象力才可以体会到的意境（图2-40）。

二、现代园林意境的感知

风景园林主题感知除五感以外，更侧重体验与互动，人们期待多方位感知景观、感受环境。互动体验式景观与高科技的VR技术结合，设计出更先进的景观小品，丰富体验形式，从而满足群众多感官的体验需求。另外，还要根据不同的服务对象进行设计，关注青少年、老年人和儿童的需求，真正解决社会热点和公众需求问题。

三、案例解析

位于河北省秦皇岛市阿那亚黄金海岸的阿那亚儿童庄园充分调动自然元素、现代材料，实现儿童身体多维体验与互动设计，将场地位于沙丘和道路之间的狭长地带，分为林中静谧冥想的空间与林边欢悦的活动乐园两部分（图2-41）。

活动乐园从《山海经》中提取灵感，设计了鱼骨亭、海星花田、鳗鱼长凳、攀爬海螺和五爪章鱼滑梯等具有动物形态的互动景观元素，既给场地赋予了独特的记忆点，又能让游人享受与景观元素的互动，在玩耍的同时学习有关动植物、农业灌溉的知识。其中海星花田，池塘收集的雨水通过互动提水装置流经水渠，为蔬菜提供灌溉，通过

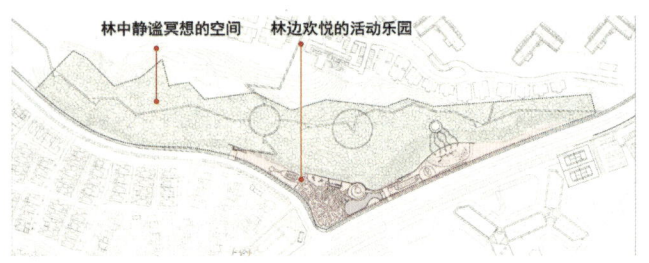

图2-41 阿那亚儿童庄园平面图

踩压和摇动进行取水,增加互动的同时学习机械原理及水流动原理,运用沙坑形成一系列的互动拓展项目,如木桩探险、攀爬网、滑索等。

林中冥想是刺槐林片区设计,"在现代社会中,为了在匆忙中保持心中的那份宁静,唯一能够与灯红酒绿、人心浮躁的现代都市抗衡的是沉默无言、蕴意深长的自然界"(程虹《宁静无价》)。滨海的自然不仅有永恒的海浪、沙滩、荒草、日出和云彩,还有几十年前人工种植的刺槐林。贫瘠的沙丘上只有生命力格外旺盛的刺槐林才能生长。刺槐林夏季茂密浓绿,冬季萧瑟枯败,季节的变化在这里被放大。对刺槐林的设计尽量简单,让人直接面对自然,希望人们能在进入刺槐林之后放慢脚步,甚至停下来,感受时光的流逝。其中半透明的亚克力棒是光影捕捉器,似透非透,将真实与虚幻叠加(图2-42~图2-44)。

图2-42 阿那亚儿童庄园实景图(一)

图2-43 阿那亚儿童庄园实景图(二)

图2-44　阿那亚儿童庄园实景图（三）

本章思考题

1. 如何理解兴造论所谓"……三分匠，七分主人……"之说？试从古典园林到现代园林两个层面分析。
2. 以具体案例论述风景园林主题获取的四个环节。
3. 谈谈现代园林设计主题的创造方式的四个方面。
4. 谈谈古典园林感知意境的主要方式。
5. 谈谈现代园林感知意境的主要方式。

第三章　空间布局

园林空间布局是在选址、立意的基础上，确定山、水、道路、广场、绿地等要素的分布及形式，即点、线、面的布局。点，在古典园林中为建筑节点，在现代园林中为广场节点，是人们停留活动的空间。线，为道路和廊架，具有交通连接的作用。面，为绿地与山水，是面积比较集中的自然区域，具有场地基底的作用。点、线、面共同组合成园林布局。

完整的空间布局需要先确定主要空间的位置，在古典园林里主要空间是厅堂。《园冶》中说："凡园圃立基，定厅堂为主。先乎取景，妙在朝南……筑垣须广，空地多存，任意为持，听从排布；择成馆舍，余构亭台；格式随宜，栽培得致。"这就明确指出布局要有构图中心，范围要有摆布余地，建筑、栽植等布局灵活，各得其所。

完整的空间布局还需要利用隔景、分景划分空间，并用主副轴线、对位关系突出主景，用线路组织交通，还用统一风格和意境序列贯穿全园。如拙政园以远香堂为中心，以远香堂和对面水中岛屿上的雪香云蔚亭为南北视线轴线，梧竹幽居亭与别有洞天构成东西视线轴线。北海公园和颐和园均是通过建筑道路轴线突出主景，控制布局。

第一节　布局组织

一、古典园林的布局组织

古典园林布局组织的形式是——蜿蜒曲折，这种曲折主要是通过各种要素相互之间的组合形成的，以含蓄幽雅、意境深远见长。主要通过三种途径实现蜿蜒曲折。

（1）途径1：建筑物的直接衔接。虽然中国建筑一般均呈矩形或方形平面，但是借助于建筑物的直接衔接，特别是使其空间互相交错穿插也可以给人以曲折迂回和不可穷尽的感觉（图3-1）。最典型的例子莫过于留园，自入口至古木交柯后，无论是向西经绿荫至明瑟楼，或向东经曲溪楼、五峰仙馆至石林小院，利用建筑物互相交错穿插，形成了极其曲折多变的空间序列（图3-2、图3-3）。

（2）途径2：通过廊的连接形成曲折而富有变化的建筑群。廊，一种连接建筑的要素，具有极大的灵活性，这种灵活性是可长、可短、可折、可曲，折是指自由转折，曲是指任意弯曲形状。因而借廊的连接便可使极简单的单体建筑组合成极其曲折的建筑群。事实上，园林建筑，无论属于北方皇家园林或江南园林，都离不开廊的运用（图3-4）。

从留园局部平面图可见，借助自由转折的曲廊连接各

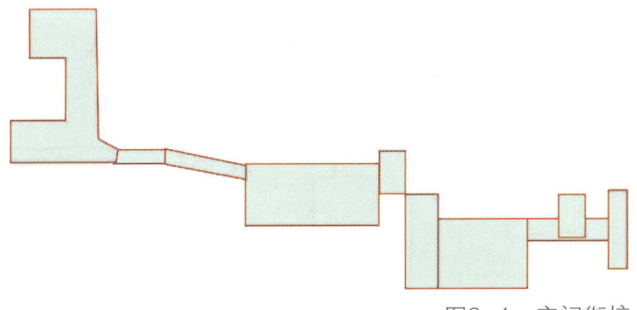

图3-1　空间衔接

图3-2　留园平面图

图3-3 留园空间

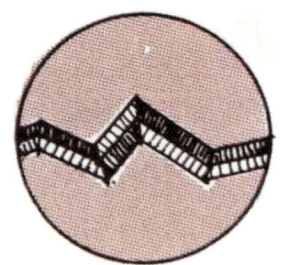
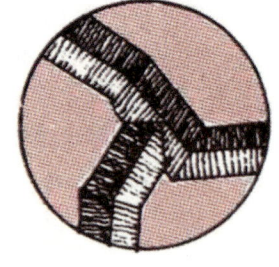
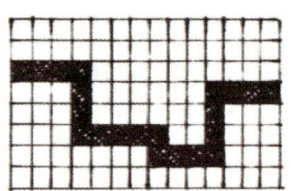
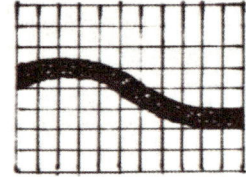

图3-4 连廊的形式

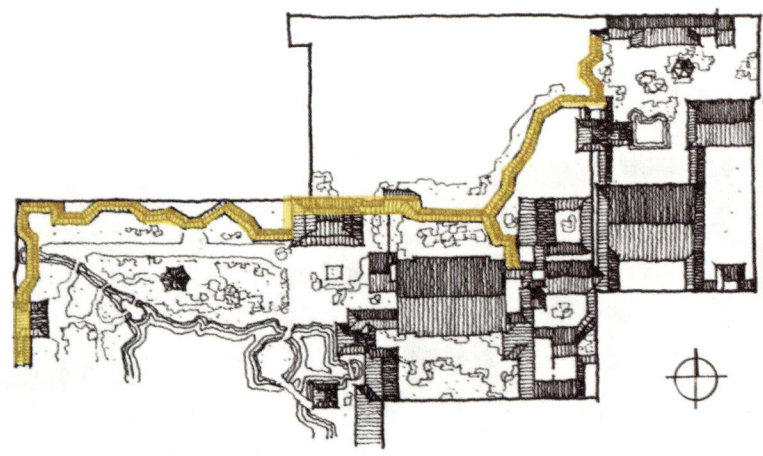

图3-5 留园连廊局部平面

单体建筑或分割空间，极大地增强了群体组合的曲折性和变化（图3-5）。

拙政园，建筑布局以曲折见长，自别有洞天通往见山楼的柳荫游廊以及通往影楼的水廊均蜿蜒曲折至极（图3-6）。谐趣园则综合运用折廊和曲廊而连接成为整体（图3-7）。

（3）途径3：构成园林的其他要素如山石、水、驳岸、路径、桥等，均力求蜿蜒曲折而忌平直规整（图3-8）。山石摆放曲折有致，山石的摆放位置自然而然形成了路的边界。桥有之形、五折形、七折形等形态，追求曲折之美。路忌直而求曲，常有路径盘旋、路径盘而长，曲径通幽之说（图3-9）。

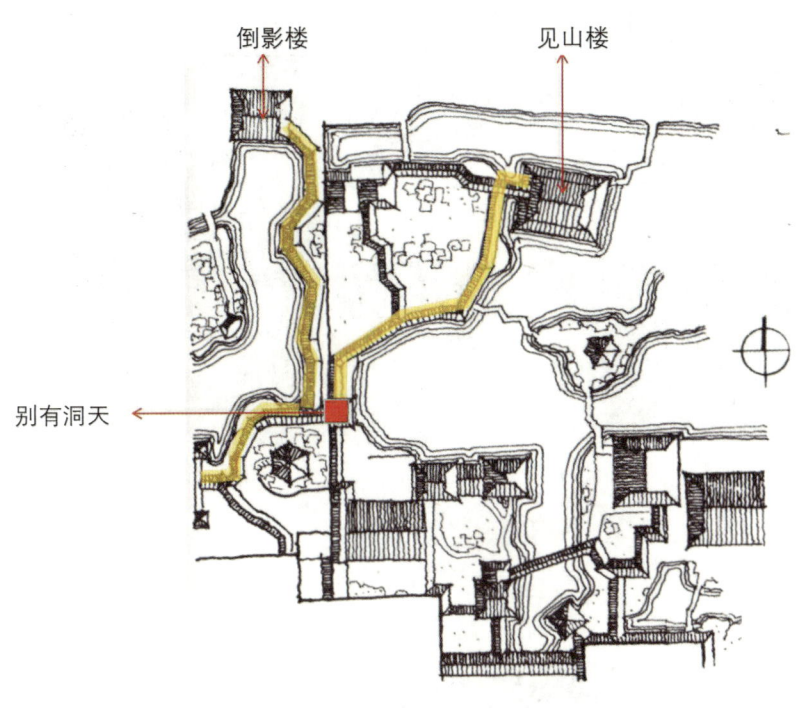

倒影楼
见山楼
别有洞天

图3-6 拙政园局部连廊图

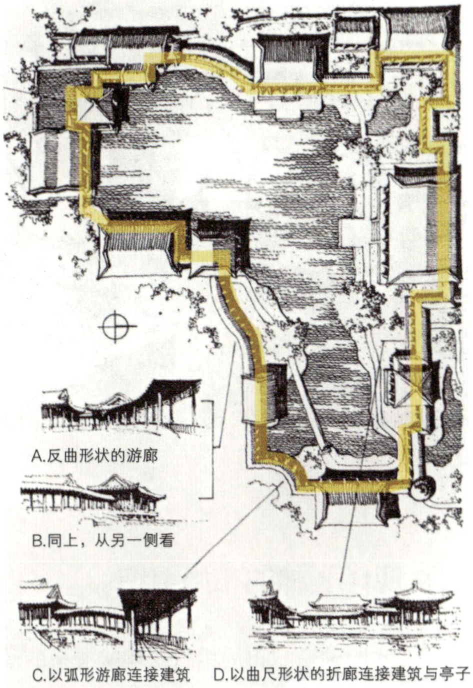

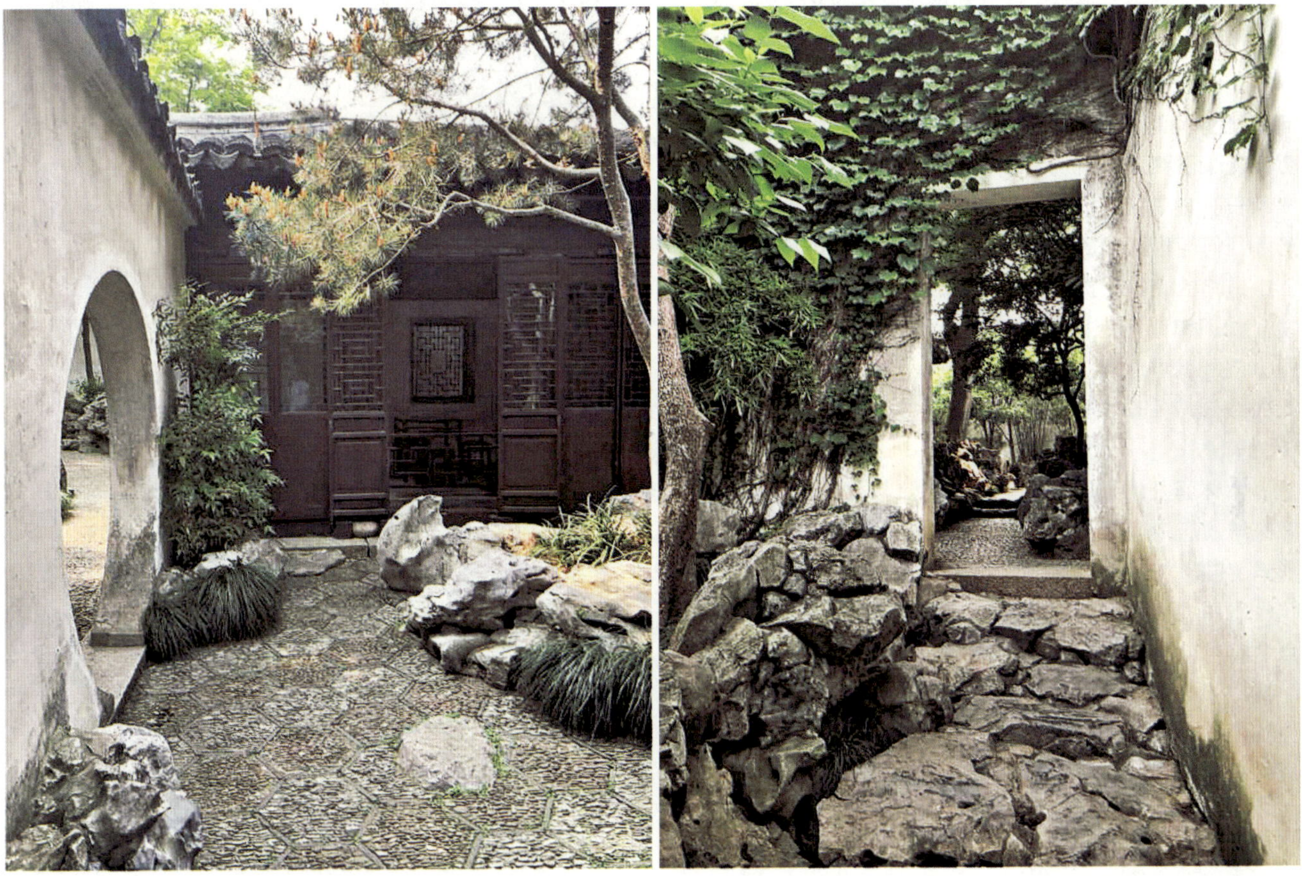

A.反曲形状的游廊
B.同上，从另一侧看
C.以弧形游廊连接建筑
D.以曲尺形状的折廊连接建筑与亭子

图3-7 谐趣园连廊图

图3-8 山石构置实景图

图3-9 桥、路径实景图

二、现代园林的布局组织

现代园林景观布局组织在蜿蜒曲折的基础上结合现在的审美和功能需求形成了简约曲折的布局形态，意思是追求自然的同时又不同于古典园林极尽自然的蜿蜒曲折，曲线更加简洁、简约与抽象，但意境上并无减弱，别有一种格调。主要是依托道路、水系和节点广场以及景观设施形态而形成。

现代园林的布局组织主要有流畅曲线、韵律折线和几何图形三种组织形式，所谓流畅曲线是指曲线弧度是圆弧或接近圆弧的一部分。韵律折线是富有美感节奏的宽、窄、长、短变化的折线。几何图形是三角形、多边形、圆形等几何图形形成的组织形式。

道路的简约曲折主要是两种形式：流畅曲线和韵律折线。如河南南阳洲际月季博览园的主路是不同弧度、不同方向的流畅曲线（图3-10）；鱼台棠邑公园也是以流畅曲线形成了一级路、二级路、水边游览路的道路系统（图3-11）。

竹林庭院的道路是黑白相间的流畅曲线（图3-12）。宜必思酒店中庭设计道路以富有韵律变化的折线形成道路形式（图3-13）。

水系的简约曲折以流畅曲线和韵律折线为组织形式。鱼台棠邑公园的湖面为以曲线为主，辅以折线形态形成大小宽窄不一的湖面。宜必思酒店中庭的水面以折线为主，曲线为辅，但同样形成的是富于宽窄变化的水面。菏泽市周自齐公园湖面由自然式曲线和折线式曲线共同组成了时而开阔、时而狭窄、时而溪流萦绕的水面空间（图3-14）。

节点空间的组织形式分为三种，分别是以自然曲线为主的节点空间（图3-15），以折线为主的节点空间（图3-16），以几何图形为主的节点空间，这分别是以圆形为主和以方形变化的节点空间（图3-17）。菏泽市周自

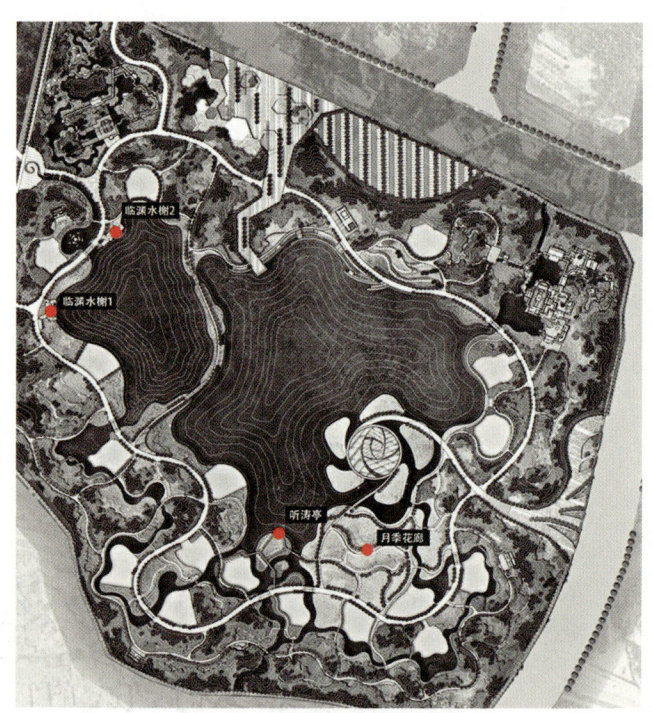

图3-10 河南南阳洲际月季博览园

齐公园节点广场是既有折线、曲线，又有几何图形的组织形式。

三、案例解析

位于苏州的中航樾园庭院，分为外围休憩散步空间、溪院和水院三部分。没有套用古典园林水系处理的外在形式，而是取水系形态精髓，形成简约曲折的水系贯穿场地（图3-18）。曲水流觞蜿蜒穿梭在疏影婆娑的树林当中，

第三章 空间布局

图3-11 鱼台棠邑公园平面图

沿街停车区
公园主环路
滨水游步道
公园游步道
文化景观道

西入口
南入口
北入口
东入口（主入口）

图3-12 竹林庭院

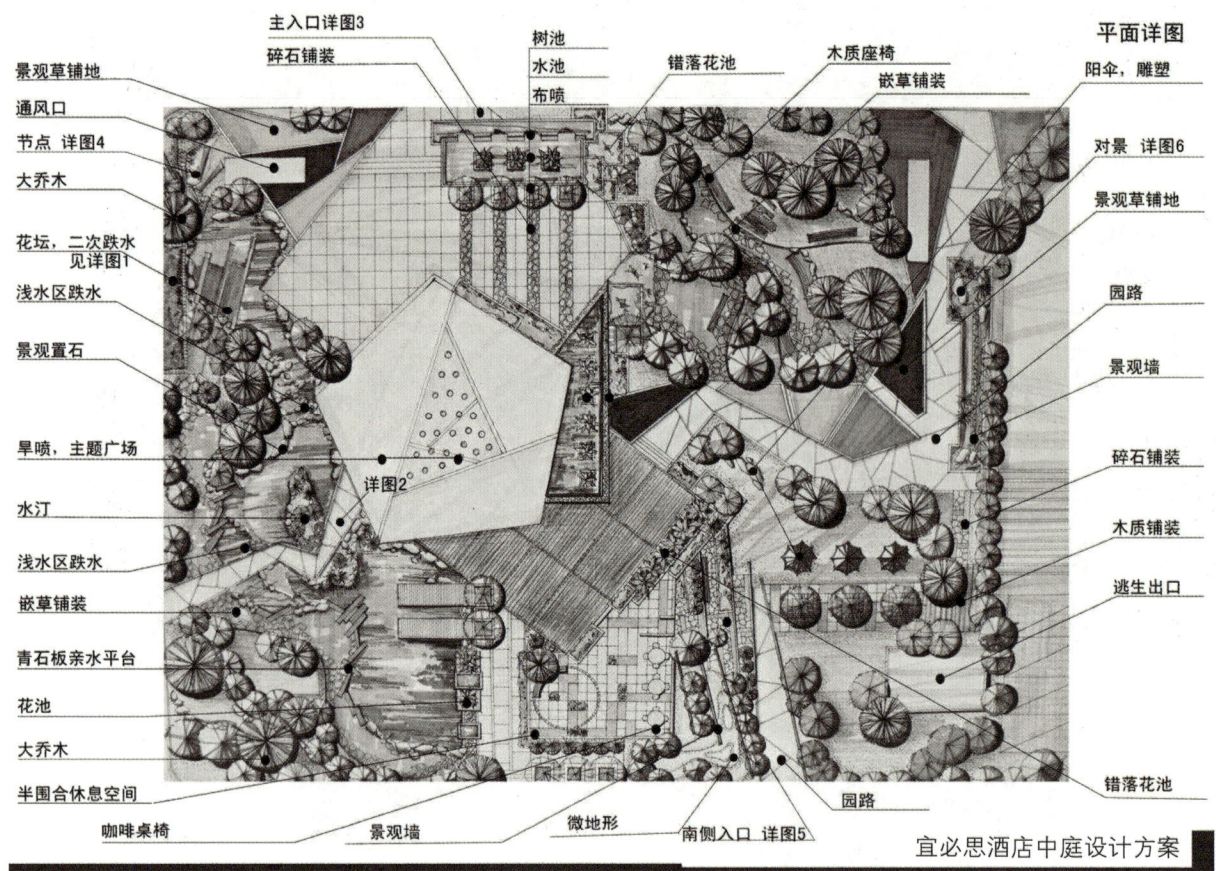

图3-13 宜必思酒店中庭平面图

创造了一个既现代又具有园林文脉的当代苏州园林。

中航樾园庭院景观设计通过水景来表达时间这一主题：泉水从石台上安静地溢出，汇成一条小溪，小溪蜿蜒流过庭院，时浅时深，时宽时窄，最后汇入一个池塘。小溪的独特设计可以让人感受到时光在石材上雕刻的印记。外围休憩散步空间以树池形成场地边界并具有休憩功能。水院以池塘为主，以方整石块形成台阶与驳岸，丰富水边形态并具有休憩观水的功能，静谧的水面和建筑交相辉映。

溪院的水溪以精致的水台涌泉为源头，经过"侵蚀"曲水流觞注入水院中，溪水下游的叠石如被溪流冲刷一般与种植结合在一起形成了入口对景雕塑。溪院以简洁的硬质铺装为主，树林疏影婆娑，泉水的"汩汩"声萦绕在其中，营造出场地的静谧氛围（图3-19）。

图3-14 菏泽市周自齐公园平面图

图3-15 自然曲线式空间

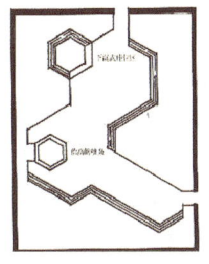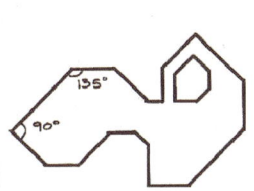

图3-16 折线式空间

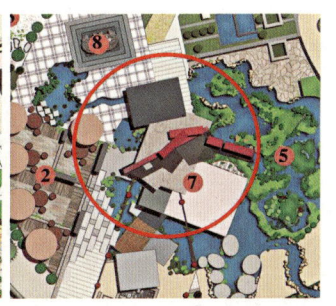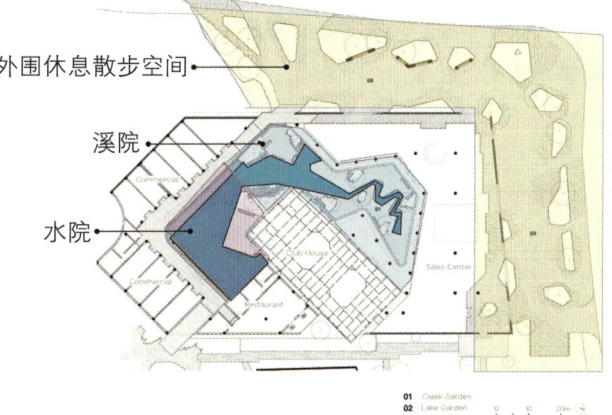

图3-17 几何图形式空间　　　　图3-18 苏州中航樾园庭院平面图

图3-19 溪院实景图

第三章 空间布局

第二节　布局中心

一、古典园林的布局中心

古典园林以山水为地貌基础，以植被为装点，以道路为线路，以建筑为景点。其中山水是古典园林布局的中心。由于山水位置位于场地中心，所占面积较大，称为山水主空间。可以说山水是古典园林的空间中心和视线中心。

建筑围绕山水展开，山水空间便是周边建筑的视线汇集点。

根据园林规模采用的中心布局方法由单一到多样。分别是山水主空间+关联小空间。

山水主空间+关联小空间+轴线（对景线）。

山水主空间+关联小空间+轴线（对景线）+主要厅堂（位置中心、体量大、装饰丰富，重要活动场所）。

山水主空间+关联小空间+轴线（对景线）+主要厅堂+建筑疏密。

山水主空间+关联小空间+轴线（对景线）+主要厅堂+建筑疏密+制高点。

山水主空间+关联小空间+多条轴线（对景线）+主要厅堂+建筑疏密+制高点。

第一种方法，中国园林无论大、中、小园，为了求得统一，都必然以比较含蓄、隐晦的方式通过山水主空间+关联小空间的途径以表达布局中心（图3-20）。

寄畅园秉礼堂庭园，虽规模极小，却自成一体，主要景区位于堂前，其他附属空间起烘托陪衬作用，主从关系较为分明，布局中心明确。主要景区不仅面积大，又处于秉礼堂之前，而且以水为中心，缀以山石、花木，既充实又富有变化，为园中最引人注目的部分。园西北角小院，由游廊转折而形成，呈方形、极小，内植蜡梅一株。这个小院对主要景区起到极好地衬托作用。秉礼堂西侧小院，呈长方形，本身虽平淡无奇，但通过门洞却可窥见主要景区，也系依附于主景区的从属小院。

第二种方法是在第一种方法"山水主空间+关联小空间"的基础上增加轴线布局或者对景视线的方法。把需要突出的重点或中心放在地位突出、显要的中轴线上；主要厅堂体量高大、装饰华丽；主体部分平面严整、方正……从而在整体中形成一个集中、紧凑的中心。其他空间院落都环绕在它的四周并紧紧地依附它，起烘托陪衬作用。北海画舫斋以正方形水池、院落形成主空间，并以轴线对称的布局强化中心地位。围绕中心部分四周环列着若干从属的空间院落。北部景区，位于中心部分之后，以山石作为主要景观，与中心部分水院对比，可获得气氛上的转换。

西北小院，空间既狭小又封闭，有曲廊与主要厅堂画舫斋相通，对中心部分起烘托陪衬作用。古柯庭小院，位于中心部分东北角，面积虽小，但空间曲折多变化，与中心部分水院气氛迥异。

对于稍大或中型园林来讲，空间和景观的组成更为复杂。面对这种情况，若不分主次而平均对待，必然会使人感到平淡无奇。常采用山水主空间+关联小空间+轴线（对景线）+主要厅堂的方法。

那么什么样的园林建筑属于主要厅堂呢？是指居于园林中心位置、体量较大、装饰丰富的厅堂建筑，这样的厅堂也是园林中重要的活动场所。苏州怡园，为一中等规模私家园林，首先在组成全园的众多空间中选择一处作为主要景区，即藕香榭北景区，这一部分空间要比别处大一些，以水池为中心，山石林立，花木葱茏，景观内容丰富、有趣，景色为全国之冠，极具吸引力（图3-21）。

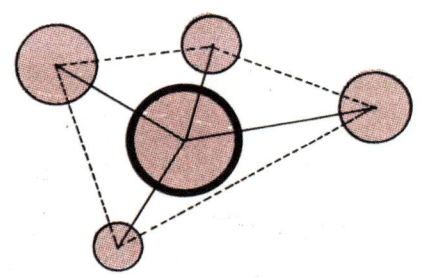

图3-20　山水主空间+关联小空间示意图

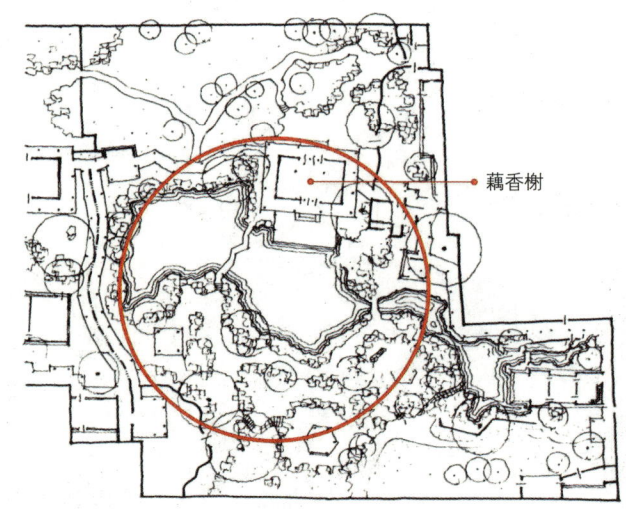

图3-21　怡园平面图

然后将主要厅堂藕香榭安排在这里，一方面借它高大的体量和华丽的装饰起画龙点睛作用；另一方面可借它的功能特点而把更多、更主要的活动集中在这里，以便充分发挥主要景区的作用。环列于主景区周围的小院，借大小空间的强烈对比，十分有效地突出了主要景区（图3-22）。

对于某些大型私家园林来讲，除了山水主空间+关联小空间+轴线（对景线）+主要厅堂的方法外，还需要通过建筑疏密的方法共同显现园林布局中心。首先确定山水主空间，然后确定轴线（对景线）+主要厅堂的位置，再通过建筑的疏密突出重点中的重点。很明显，远香堂以西建筑密度大，水景最佳，景色富于变化；远香堂以东建筑密度小，景色略显平淡。

采用集锦式布局的大型或特大型皇家苑囿，由于范围大、占地广，仅用突出某个景区或风景点的方法以达到布局中心，显然是难以奏效的。必须在山水主空间+关联小空间+轴线（对景线）+主要厅堂+建筑疏密的基础上通过设计制高点达到突出布局中心的目的。例如北海公园，利用凸出于水面的琼华岛并在其上叠山石、密集地设置建筑群或风景点，又在其顶部建一高塔即喇嘛塔，从而形成一个制高点，通过它可俯瞰全园，另外，从园的四面八方都能清晰地看到它的立体轮廓线，只有这样，才能起到控制全园的作用（图3-23）。

实现布局中心的最后一个方法是山水主空间+关联小空间+多条轴线+主要厅堂+建筑疏密+制高点。特大型皇家苑囿，随着规模扩大，对制高点的控制力的要求也增高。要求制高点必须具有足够的体量和高度，同时要求具有一定的气势和烘托。有意识地以多条轴线对称的方式来排列建筑或组织空间院落，从而借此形成一种气势，以烘托陪衬起控制全园作用的制高点。

例如规模宏大的颐和园，占地面积293公顷，其中水面大约占220公顷。颐和园的佛香阁楼身高37米，但连同它高大的基座和山的高度在内，竟从湖面高起80余米。佛香阁作为颐和园的构园中心，处于被观赏的位置，从佛香阁往下看，有很强的俯视效应，能达到一览众山小的效果（图3-24）。

颐和园五条轴线安排的两个意图：以自中心而左右逐渐减少建筑物的密度和分量来烘托排云殿—佛香阁建筑群中轴线的突出地位。同时，控制住了整个前山建筑布局从严整到自由、从浓密到疏朗的过渡、衔接和展开，把散布在前

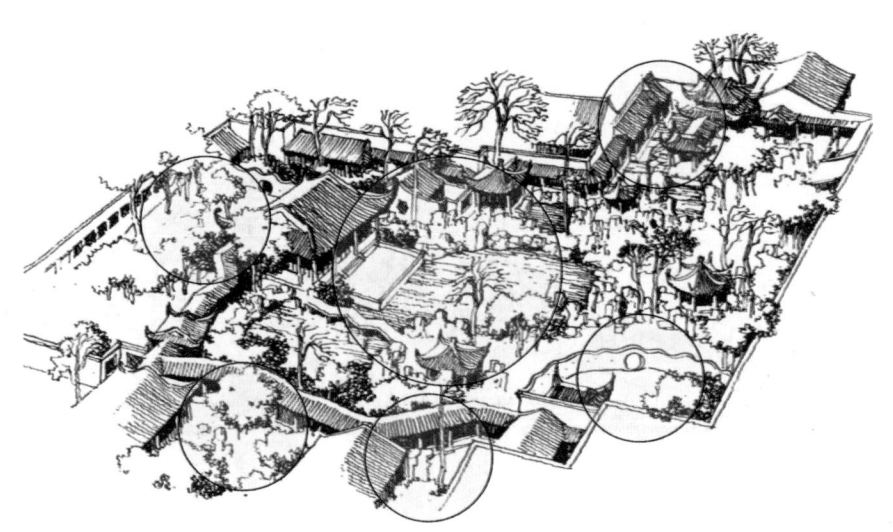

图3-22　怡园空间解析

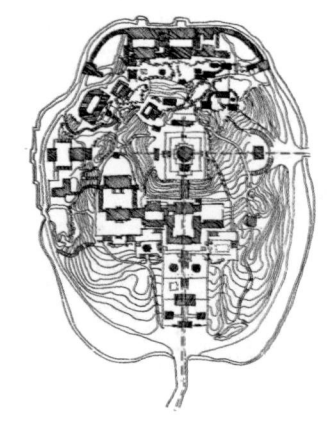

图3-23　北海公园空间解析

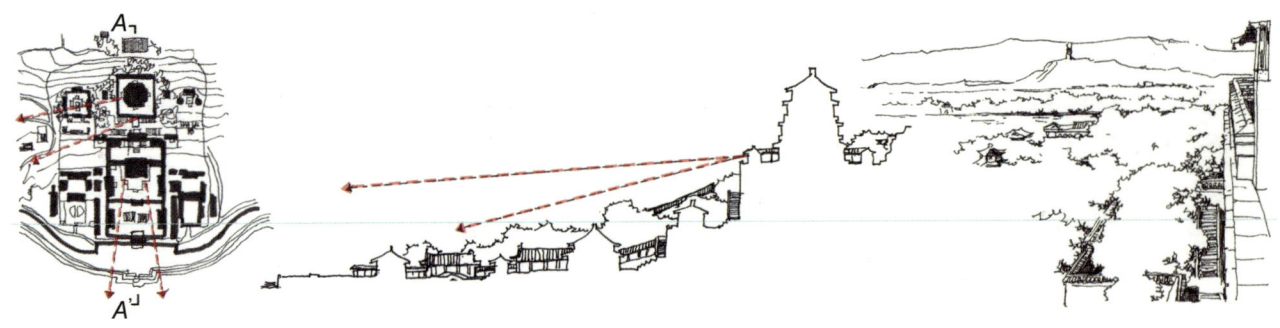

图3-24 颐和园空间解析

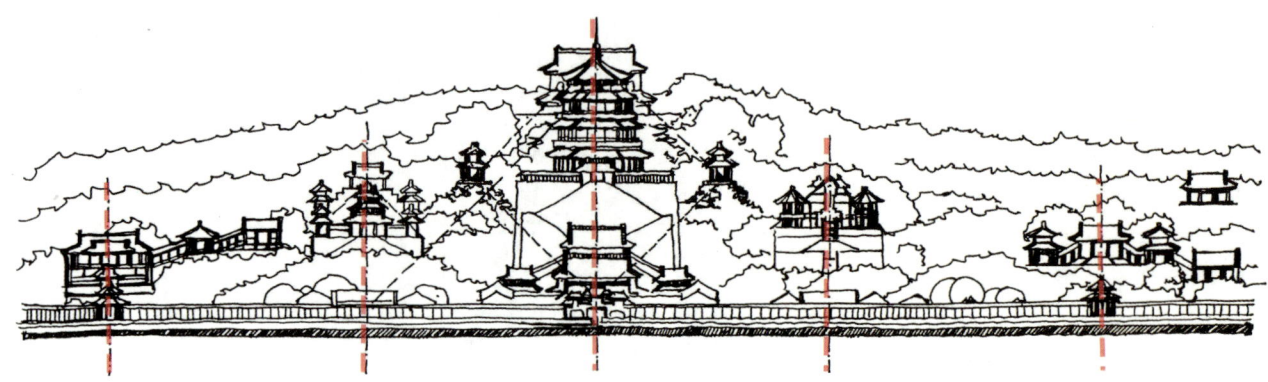

图3-25 颐和园五条轴线解析

山的所有建筑物统一为有机的整体（图3-25）。

二、现代园林的布局中心

现代园林中布局中心一般是三种样式，简约山水式、弱中心、开敞空间为中心。

简约山水式区别于古典园林布局中心的山水空间，现代园林中的山水元素形式上简约，材料上丰富，不变的是原理，改变的是造型，称为简约山水式。

不同于古典园林在造景上仿山水形胜的追求，现代园林由于性质功能面积的多样性，布局中心不再拘泥于山水式，有了更多的样式，弱中心便是其一。弱中心不是没有中心，而是弱化中心，仅以铺装等元素界定中心。

现代园林中布局中心的第三种表现形式是开敞空间为中心。开敞空间为中心是指以开敞的草坪或广场为布局中心。

三、案例解析

山水间位于南宁园博园西南角，占地面积约2000平方米，是一个富有山水画意的花园（图3-26）。

北宋郭熙总结山有三远：自山下而仰山巅，谓之"高远"；自山前而窥山后，谓之"深远"；自近山而望远山，谓之"平远"。韩拙又增三远：有近岸广水，旷阔遥山者，谓之"阔远"；有烟雾溟漠，野水隔而仿佛不见者，谓之"迷远"；景物至绝而微茫缥缈者，谓之"幽远"，合称"六远"（图3-27）。

"山水间"以"六远"构建花园序列（图3-28）。

一为"深"，从下沉通道穿过层层山丘，前后相窥，有重峦叠嶂、层次深邃之感。山丘的表皮是由白色钢柱焊接形成的非线性曲面，这些曲面前后相叠，随着人视线的移动而不断变化。

二为"阔"，从"墨池"远望对岸山丘，水中山影粼粼，有空间延展、水广山遥之感。在有限的花园空间中，通过镜面水池将空间扩展一倍，并增加花园对光、风、雨等天气变化的反馈。

三为"高"，通道从"墨池"里徐徐抬升，行至山脚，非仰观不能看"苍峰"之全貌，也可进入山洞内探究，有山峰雄健、别有洞天之感。"苍峰"是花园唯一对称的形体，其挺拔向上的形态和洁白纯净的色彩，在天空和光线的作用下，形成适合冥想和静思的精神空间。

四为"平"，拾级而上，至最高处平台，一览远近山色，有视野平阔、心旷神怡之感。可自平观高，也可自平观深。

图3-26 南宁园博园山水间

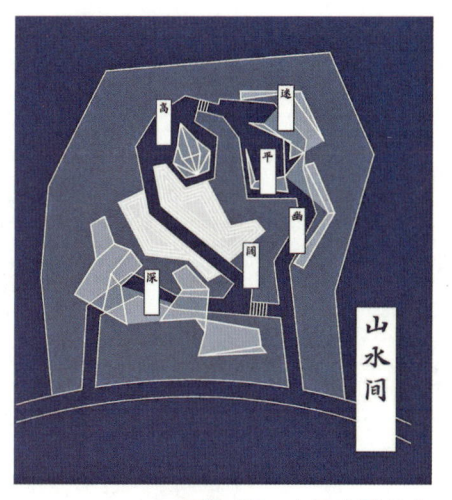

图3-27 六远序列分布

(a)"深"　　(b)"阔"
(c)"高"　　(d)"平"
(e)"迷"　　(f)"幽"

图3-28 六远序列

五为"迷",转入后山,隔着重重山壁,再观远处时已是山水模糊,有迷境恍惚,朦胧不明之感。

六为"幽":竹径曲折,是出口,也是入口,有曲径通幽,引人探寻之感。或行,或停,或观,或思,宛如水墨山水画中游。

不同于古典园林在造景上仿山水形胜的追求,现代园林由于性质功能面积的多样性,布局中心不再拘泥于山水式,有了更多的样式,弱中心便是其一。

张唐景观的"等待下一个十分钟"的设计里,采用弱中心的布局,以同心圆铺装和旱喷,形成场地中心,围绕场地中心设计了简单的一排旱喷,一排树,一排休闲台地,台地上设计有休闲涂鸦墙、廊架、座凳、售卖亭(图3-29、图3-30)。

场地的创意正是场地的名字"等待下一个十分钟"。将时间的度量结合在空间设计上,产生仪式化的效果。具体设计是在同心圆铺装的空间里设计一组旱喷和树,可以转动。这个转动有五十分钟,当这组旱喷和树回到原来的位置时,泉水开始涌动。这个喷水持续十分钟,继续下一个五十分钟的转动,然后等待下一个十分钟(图3-31)。

园林设计

```
01  旋转平台 Rotating Platform       06  廊架 Pergola
02  音乐喷泉 Music Fountain          07  集装箱售货亭 Container Kiosk
03  涂鸦墙 Graffiti Wall             08  灯柱 Lighting Pole
04  广场看台 Amphitheater            09  广告牌 Billboard
05  休闲台地 Coffee Terrace          10  种植池坐凳 Seating Planter
```

图3-29 "等待下一个十分钟"的景观平面图

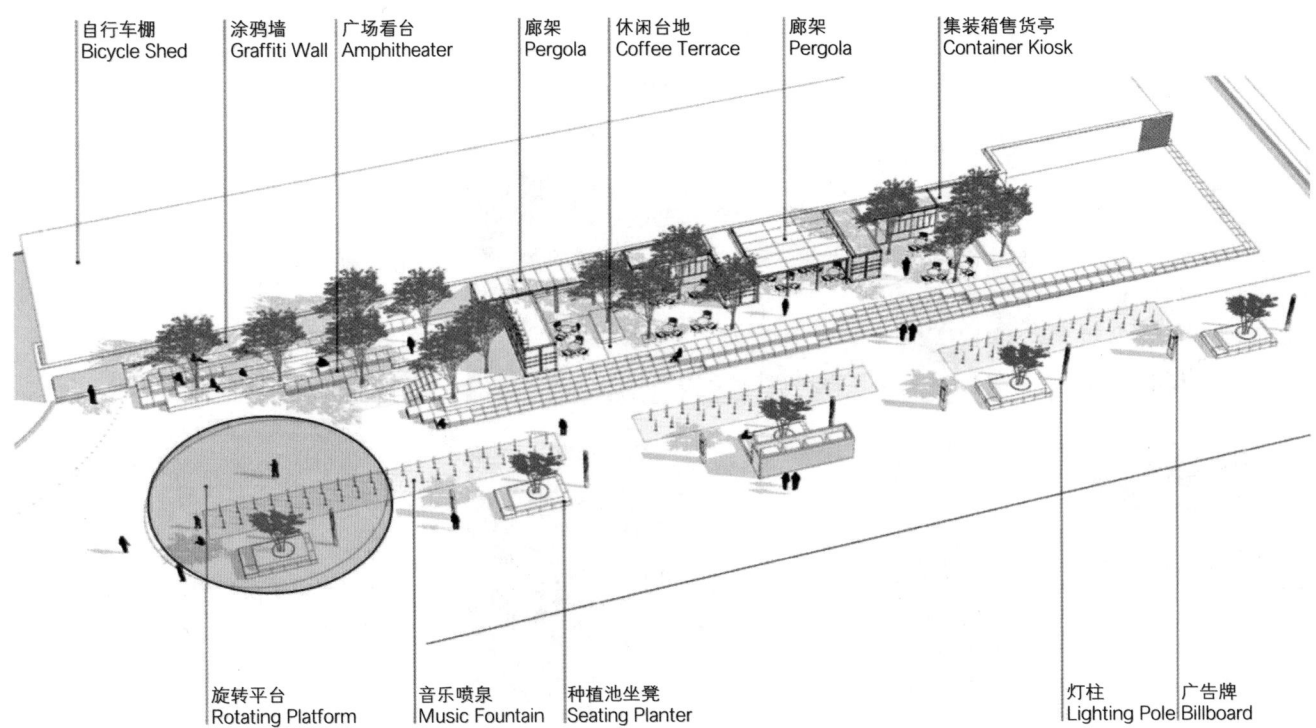

图3-30 "等待下一个十分钟"的景观鸟瞰图

图3-31 "等待下一个十分钟"的场景图　　　图3-32 济南泉城广场的布局中心

图3-33 长春水文化生态园

济南泉城广场的布局中心是以开敞的节点广场为布局中心，分别是泉标节点广场和莲花节点广场（图3-32）。

长春水文化生态园是以绿地草坪为布局中心，绿地草坪可以举办各种大型文化活动，绿地草坪的四周通向沉淀池、清水池、森林长廊、树屋、水文化博物馆群落、游乐场等，无论朝着哪一个方向走去，生态园总会呈现不同的美丽景色（图3-33）。

长春水文化生态园，原为伪满时期建造的长春市第一净水厂，以生态绿地为载体，以生态绿地资源活化与再生为抓手，将工业遗迹与自然景观有机结合，并注入文化艺术、时尚创意的元素，显现人与自然的互动，促进生活方式的提升与改变。

第三节　布局围合

一、古典园林的布局围合

古典园林布局围合的形式有三种：内向式、内向与外向结合式、外向式。

内向布局形式的最大特点是：以自我为中心。"闭关自守"不考虑外部空间环境的影响及更大范围内的完整统一性（图3-34）。

我国传统建筑在群体组合中通常以内向的布局形式为主。例如一般住宅建筑所采用的四合院，就十分明显地体现出内向的特点——所有建筑均面向内而背朝外，形成以内院为中心的向心感。对周围外部空间采取漠不关心的态度。古典园林为避免外部的干扰以求得宁静，多采取内聚式布局形式（图3-35）。主要特点是：以山水为院，并取不规则的平面形状，建筑物均沿院的周边布置，这种布局可以在有限的范围内布置较多的建筑，而不局促，充分利用建筑物布局上的变化使内院形状更加曲折，设置较大、较集中的水面作为中心，增加向心和内聚性，从而使所围成的空间既具有向心的特点，又具有亲切、宁静、曲折而富有变化的感觉。

苏州畅园，以水池为中心，并环绕水池四周布置建筑，从而具有向心和内聚的感觉（图3-36）。颐和园东北部的谐趣园也是以水池为中心而采用内向布局的形式，从而形成一个既亲切、宁静又富有变化的空间环境。

尽管大多数园林采用内向布局的形式，但也有内向与外向相结合的布局形式（图3-37）。不仅具有良好的景观效果——外观开敞而富有变化；而且能给观景提供有利条件——从这里可以眺望或观赏远山近景。

云松巢（图3-38），位于颐和园万寿山前山，可分东、西两个部分，西部以回廊围成的院落呈内向布局形式；东部则属于外向布局形式。苏州沧浪亭，由于园外西北部临水，因而部分建筑取外向布局形式。内观山，外观水，不仅获得良好的景观效果，更有利于创造优越的观景条件（图3-39）。

大型皇家园林常采用外向布局的形式（图3-40）。例如地处四周均被水面包围的岛上的建筑群，通常就适合采用外向布局的形式。此外，建造在凸起的山地上的建筑群，或被用来当作制高点的建筑群也适合采用这种布局形式。这是因为：山常使人感到阻塞，而水则使人感到畅通，因而人们总是习惯于使建筑物背山而面水，背向内而面朝外，因而具有离心、扩散等特性。这样的建筑群一般给人以开敞的感觉。

濠濮间，位于北海东侧，坐落在一凸起的山丘上。以游廊连接的建筑群呈曲尺形，属于外向布局形式，较开敞，并可环顾四周景物（图3-41）。北海琼华岛为全园景观中心及制高点。绝大部分建筑均背山面水，并以白塔为中心。环绕着岛的四周作辐射形式的布局，具有明显的离心、扩散感（图3-42）。

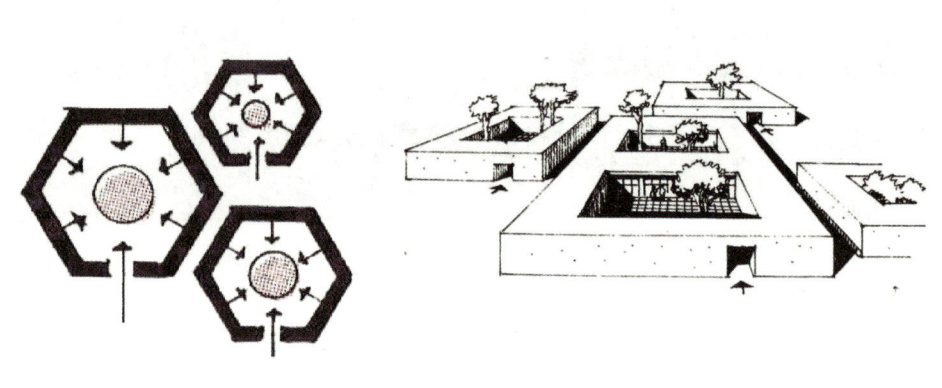

图3-34　内向布局形式

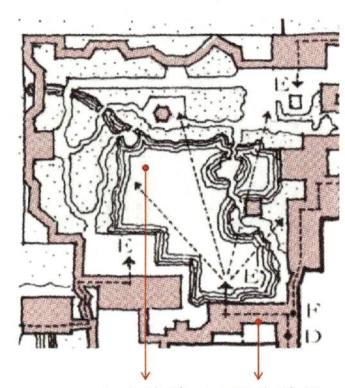

山水为院　四周为建筑

图3-35　内聚式布局形式

图3-36　苏州畅园鸟瞰图

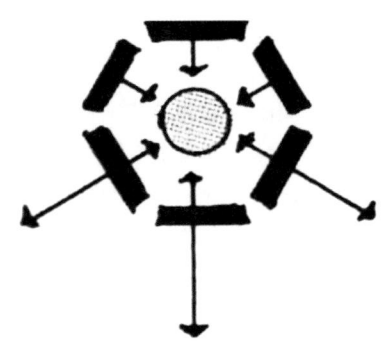

图3-37 内向与外向相结合的布局形式

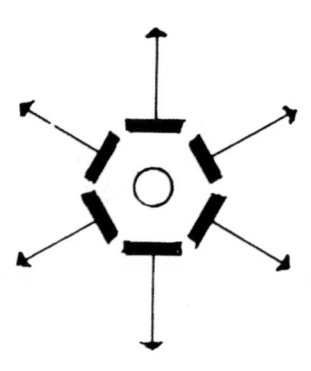

图3-40 外向布局形式

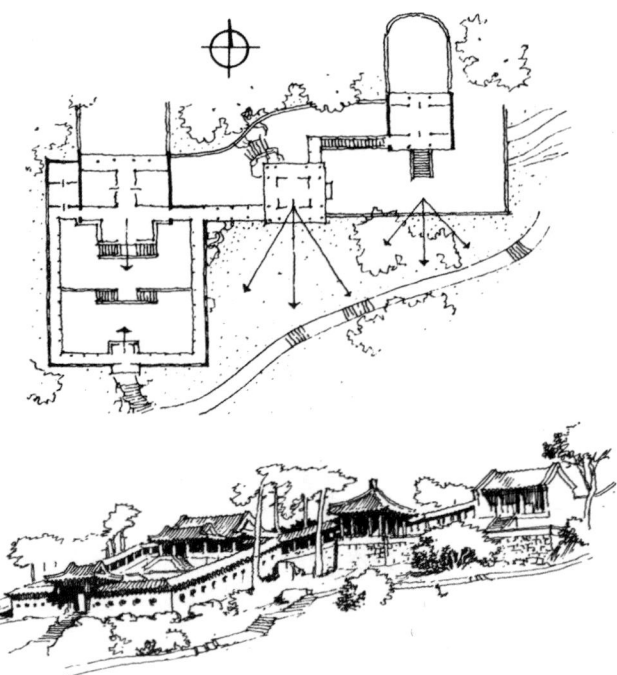

图3-38 云松巢

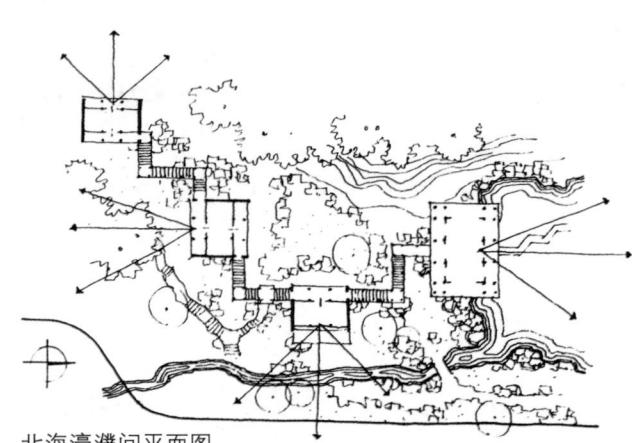

北海濠濮间平面图

图3-41 濠濮间

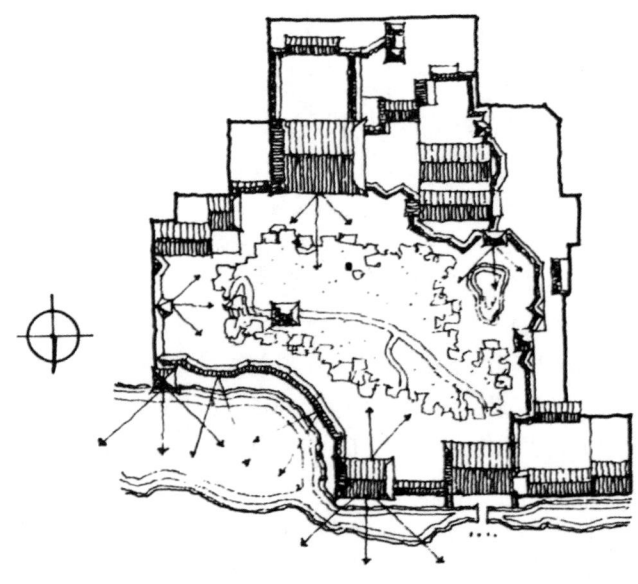

图3-39 苏州沧浪亭

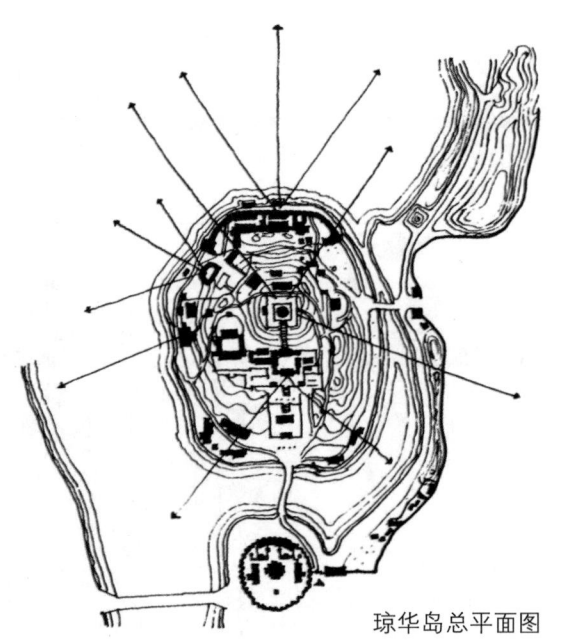

琼华岛总平面图

图3-42 北海琼华岛

图3-43 百米竹径

图3-44 灵动庭院

图3-45 三潭印月

二、现代园林的布局围合

现代园林景观布局围合形式的第一种是内聚式。内聚式的布局保留空间的围合,但是中心和边界的要素及形式更为多样且融入地方文化。内聚式是园林设计中广泛采用的一种园林空间形式,它提供亲切和可靠的环境空间,符合人们安全、安定、归属和社会交往的要求。一般是围合感强、尺度小的空间,有时又是专门为特定人群服务的环境空间,如住宅庭院、公园里偏僻幽深的小亭等。

内聚式具有的特点:①具有很强的地段感和私密性。②易于限定空间界限和提供监视。③可以减少破坏行为。④可以增进人际交往关系和提供户外活动场所。由此可见,内聚式所具有的特点更适合人们生活的需求。园林内聚式布局可以通过地形、植物、水体、建筑、道路等,在顶界面、侧界面或底界面来限定空间。在园林中创建恰当的内聚式布局空间正是"以人为本"设计原则的具体表现,满足人舒适、亲切、轻松、愉悦、安全、自由和充满活力的体验和感觉。

三、案例解析

"桂语东方"是杭州临平许村地块的居住楼盘,这是一个富有诗意的名字,很容易让人想象到传统中式庭院的诸多要素。桂语东方采用极简设计方法,运用代表江南情趣的竹、茶、泥土、静水、白墙、青瓦、黑砂元素带给人"绿、清、凉、静"的享受。通过三个层次展现杭州西湖的文化印象。

从城市街道经过笔直的百米竹径(图3-43)之后,越过两道弯,进入第一进院落,庭院之中,一圈静水环绕着黑色细砂,孤植一树沙朴立于白石之上,取意灵动的中国山水画,在景观中延伸出无限遐想(图3-44)。

步入庭院之后的第二进院落是西湖第一胜境,三潭印月被极度抽象地刻画在宁静的水面之上,三山结构极简却不乏一番用心,层层叠上的台阶正如高低错落的山,山峰之上种植高大的树木与繁茂的草花,象征着西湖的生机(图3-45)。

第三个层次空间,来自院落深处所映射的龙井方园。西湖龙井茶是杭城江南的重要"道具",它是关于味觉的,也是关于视觉的。设计师从梅家坞搬来了一座小茶园,种下了几十株西湖龙井,以极简的几何形式方正排布,悄然暗示"十里梅坞蕴茶香"的自然风貌。片片新绿,在清澈明净的湖水环绕之中,与几十公里之外的西湖形成了某种羁绊(图3-46)。

现代园林景观布局围合形式的第二个种是外延式。不同于古代园林个人私有的情况,现代园林景观大多为公共空间,没有了墙筑的有形边界,甚至有的场地周边直接接洽自然环境。外延式布局很好地利用了周边的环境，通过借景使场地空间扩大。

南阳洲际月季博览园充分结合地形，在相对地势高点建造了12座公共景区的风景建筑及构筑物，视线开敞外向，融入山水自然环境，向景而立，承担着公共景区的服务、休憩、赏花等各种功能（图3-47）。

下面分别列举三个构筑物。其一，驿栈（图3-48、图3-49）。依托其地形条件，让通行者在不同标高上体验该场所及其周边视野辐射范围内的景观。设计是从等高线的调整入手的，用厚重的毛石墙围绕出一个平面双环线的雨水花园，并且在必要的方向留出开口，引导从西区栈道漫游到此的通行者进入这个下沉的花园中，周围高企的毛石墙，将视线限定在天空，下雨的时候，花园内部积水，将会倒映出栈道和天空的云彩。通行者可以循梯而上，走上二层驿栈，这是一个简洁的长方体空间，周围仅保留必要的结构维护，从这里可以眺望视野辐射范围内的月季园景观，通行者能够在这里短暂停留，在不同的高度上欣赏近景和远景，在上下通行的过程中体验自然在其中的蔓延。

其二，服务站（图3-50、图3-51）。包含公共卫生间和小型的休闲茶室，其位置十分显要，在西区月季廊的各个游览体验中均可以看到这个建筑。人们走向这里，顺着宽阔的坡道缓慢爬升，最终汇聚到广阔的屋顶露台，在这里可以俯瞰整个西区的风景，可以时常看到飞过头顶的即将降落在附近机场的航班，同时安排了室外台阶，也可以作为举办小型活动的室外场所。

其三，临渊水榭（图3-52）。以若干错落的木平台的相互跌落及积聚构成了临渊水榭的基座，引导游人不经意间漫步到微微高出步道标高的临水平台之上。同时也可来到二层平台，游人可以在不同的高度欣赏湖景。

图3-46 龙井方园

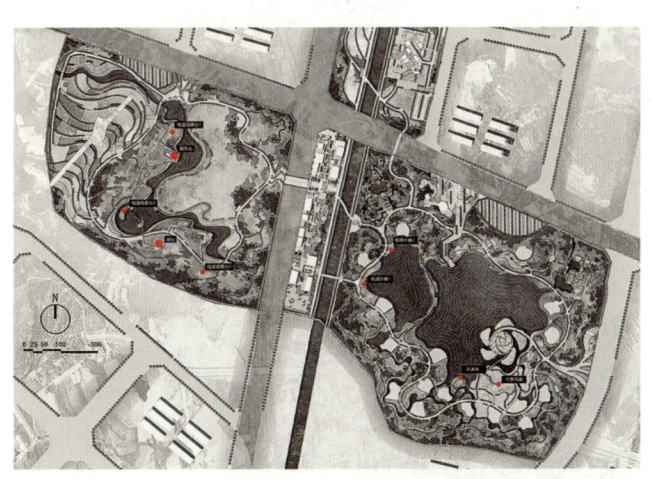

图3-47 南阳洲际月季博览园平面图

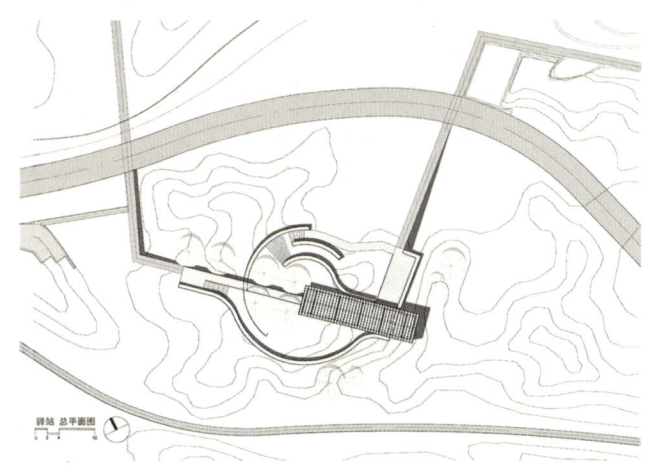

图3-48 驿栈平面图

图3-49 驿站实景图

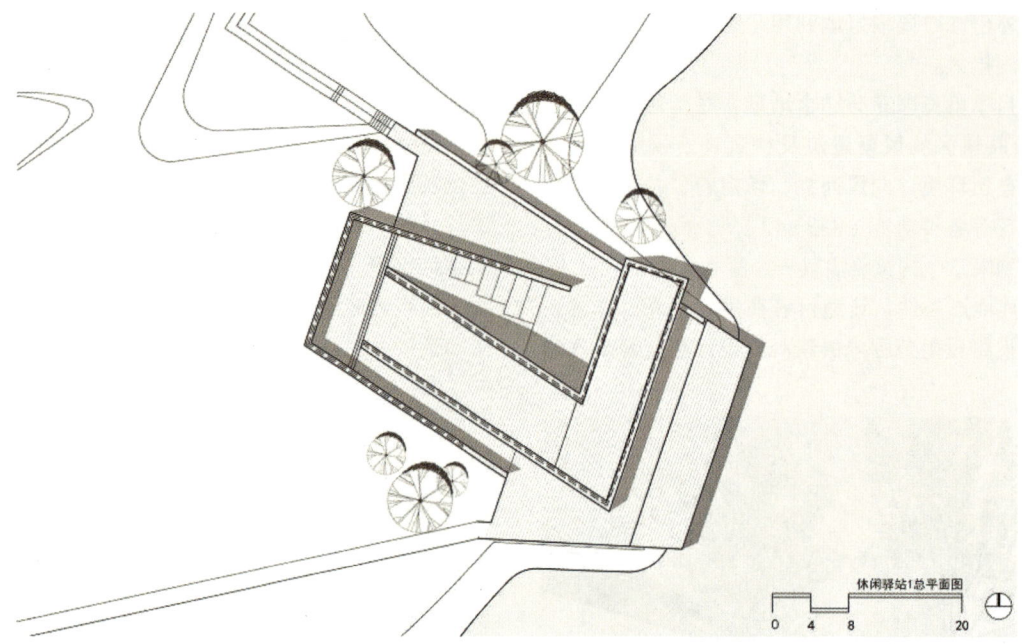

图3-50 服务站平面图

图3-51 服务站实景图

图3-52 临渊水榭实景图

第四节 布局划分

一、古典园林的布局划分

为了创造多变的空间、延长人们的游览长度和增加在园林停留的时间，聪慧的园林匠师运用了园中之园的布局，园中之园是古典园林布局的一大特色，颐和园的谐趣园、网师园的殿春簃、拙政园的枇杷园等都是园中园布局的佳例。所谓园中园是指在一个园林环境中，又出现了一个小园林，当然必须具备两个条件才能称为园中园。其一，需要用云墙、建筑等元素将小园林与外环境进行实隔，用道路和洞门联系交通；其二，小园林必须具备园林中的四大造景要素：植物、建筑、山石、道路，缺一不可。

在拙政园的中部景区有三个小院落形成的园中园，分别是枇杷院、听雨轩、海棠园。三个小园通过别致的圆形洞门、道路廊架、依次相连（图3-53、图3-54）。

通过白色云墙等建筑元素和拙政园中部的山水庭院实隔。穿过圆洞门，进入枇杷院，有种植的枇杷树，玉玲珑馆、嘉实亭和游廊共同围合形成一处宽敞的院落。通过游廊便来到第二个小院——听雨轩，前院角落有一处较深的池塘，植有荷花，池塘边种有数棵芭蕉，后院群植翠竹，每当下雨便可听到雨打荷叶、芭蕉、翠竹的声音。沿东墙廊北行便来到第三个小院，海棠春坞，院落极小，且通过云墙与外界隔离，使得小院极其安静，园中以白墙为底，前有海棠和湖石的精致花台，海棠纹的铺地更是道出了小院的意境。枇杷园、听雨轩、海棠春坞三个庭院的景观各异，氛围不同，为游人呈现了丰富多样的意境空间，"庭院深深深几许"在这里得以充分写照。

北海公园有三处园中园，分别是静心斋、画舫斋和濠濮间。以濠濮间为例，其没有采用围墙和建筑的围合，而是运用地形结合种植而形成与外界隔离的无形边界，西侧的土山约三米高，加上密植的乔灌木，园外不见园内，园内也不见园外，自成一景，利于表现园中园独特的景色氛围，更加利于表达其意境。进入其内感到豁然开朗和别有

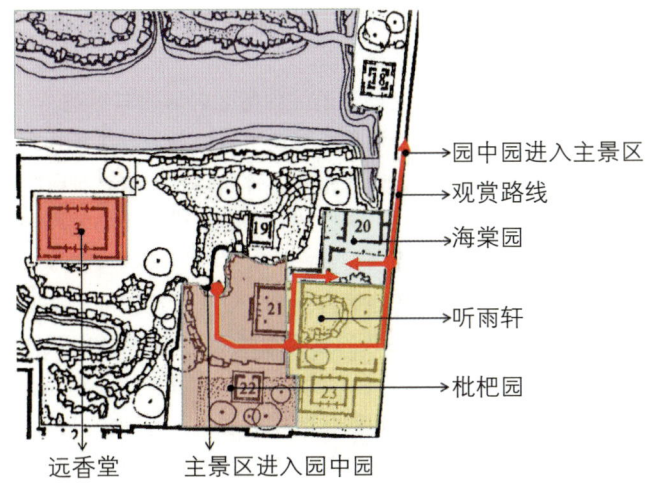

图3-54 拙政园园中园平面图

洞天。濠濮间其水源来自流经先蚕坛的浴蚕河，形成曲折变化的带状水系。建筑由门—堂—室—榭组成，没有统一的轴线，注重与山体地形的结合，建筑的朝向也不一样，因景致所需而设定，达到步移景异的效果。

二、现代园林的布局划分

现代园林布局划分上更加注重空间的丰富性，空间丰富性是指根据功能需求设计有丰富的空间类型，按照空间属性分为公共性空间、半公共性空间、私密性空间等。

按照空间形式分为：规则空间、自然空间、混合空间；按照活动内容分为：儿童活动空间、游览观赏空间、安静休息空间、体育健身空间等；按照地域特征分为：山岳空间、谷地空间、水体空间、平地空间等；按照开朗程度分为：开朗空间、半开朗空间和闭锁空间等；按照构成要素分为：绿色空间、建筑空间、山石空间、水域空间等。

图3-53 园中园

三、案例解析

公园里位于苏州吴江长板路一处十字路口的两侧,紧靠吴江客运站,周边住宅区密布,但缺乏公共活动空间(图3-55、图3-56)。场地被一条车行道分为东西两部分,将场地分为东、西街角广场和小公园三个部分。在提升城市局部环境品质和功能的同时,吸引周边的人群来到这里,提高场地的人气,赋予更多城市公共空间的属性。

东、西街角广场之间是通往住宅区内部的车行道,一组由8个高达10米左右的蒲公英雕塑构成的雕塑群强调了入口,也成了场地上地标性的元素。东西广场均以缓坡与市政人行道相连,铺装也统一设计成600毫米×600毫米的正方形黑白灰三色跳色石材,这样的处理方式模糊了场地和市政空间的界限,赋予了场地友好的对外界面。

广场由几组大型花池组合围合出中央活动空间,花池采用了光面爵士白花岗岩,在阳光下,亮白色的石材耀眼而优雅。花池下方的铺装采用烧洗面福鼎黑花岗岩,与爵士白花岗岩形成鲜明对比,更突出了白色花池的亮度。

东广场设置了两个翅膀状的波浪水台,波浪拍打池壁产生了大小不同、前后不一的水花,阳光照射过来,波光粼粼,伴随着"哗哗"的流水声,营造了一种宁静幽雅的氛围(图3-57)。西广场设置了一处面积约300平方米的地面波浪戏水池,意图在城市广场上创造一个模拟自然海滩的景观元素。"海浪"从隐藏在爵士白树池侧壁上的出水口喷涌而出,逐渐减弱,然后慢慢退回来。在营造互动性场所的同时,改善小气候,带来一丝凉意。

公园空间由波浪草坡和儿童活动区构成。白色砾石园路串联了整个公园,与绿色的草坡相映成趣。滑梯、"树叶"攀爬网、秋千、"花瓣"跳跳板、钻洞和"大莲蓬""青虫说"等以自然元素为设计灵感的互动装置或掩映在草坡之中,或安置在暖色的树叶形塑胶地垫上。这些器械色彩明亮,提倡互动,引发人的联想和探索欲,给孩子们营造了一个童话般的小世界(图3-58)。

由马岩松带领的MAD建筑事务设计的北京四合院幼儿园,围绕一座自1725年已有历史记载的四合院建造了一片漂浮的屋顶,将文物进行保护和利用的同时,也和周边已建成的现代建筑进行了连接,展现出多层的城市历史和谐并存的场景(图3-59)。

"漂浮的屋顶"以低矮平缓的姿态水平展开,将不同建筑间有限的空间最大限度地转化成一个户外运动和活动的平台。二层是一片广阔的、色彩斑斓的户外平台,这里是孩子们室外运动、课余互动玩耍的主要场所。平台的西南侧,像是一个个"小山丘"与"平原"相互交错,地形高低起伏(图3-60)。

漂浮的屋顶下方则是开放布局的教学空间、图书馆、小剧场、室内运动场等,是400名2~5岁孩子的日常活动空间。流动的空间布局提供了一种自由、共融的空间氛围;新空间与古四合院相邻相望,新旧交替,孩子们随时能近观、接触历史,帮助他们加深对时间维度和历史的认知。新建部分围绕三棵古树设计了新的院落,

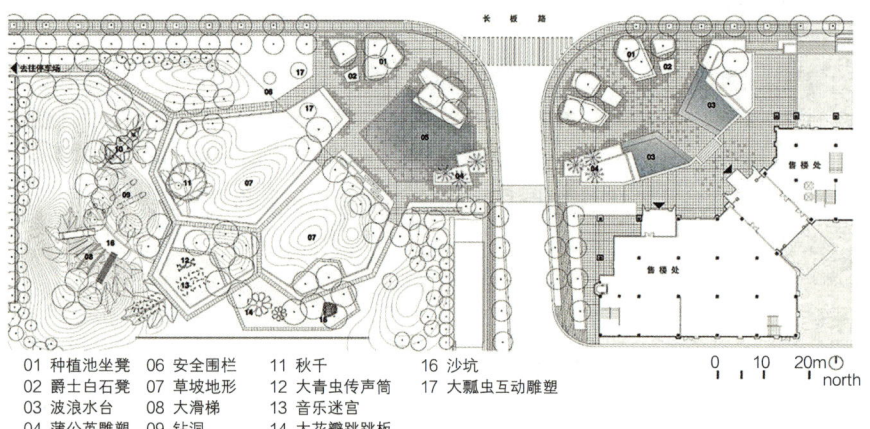

01 种植池坐凳　　06 安全围栏　　11 秋千　　　　　　16 沙坑
02 爵士白石凳　　07 草坡地形　　12 大青虫传声筒　　17 大瓢虫互动雕塑
03 波浪水台　　　08 大滑梯　　　13 音乐迷宫
04 蒲公英雕塑　　09 钻洞　　　　14 大花瓣跳跳板
05 造浪戏水池　　10 树叶攀爬网　15 大莲蓬互动雕塑

图3-55　公园里平面图

图3-56　公园里实景图

图3-57 东广场实景图

图3-58 儿童活动区实景图

图3-59 北京四合院幼儿园　　　　　　　　　　　　　　　图3-60 漂浮的屋顶

与四合院的院落空间呼应，为教学空间提供了户外延展和采光通风（图3-61）。

几栋看似互不相干，甚至从某些角度看从互为矛盾的历史时期而来的建筑元素，不但可以在保持各自真实性的前提下和谐共存，还互为作用产生了一种新的空间开放性和丰富性。

图3-61 教学空间

本章思考题

1. 论述现代园林简约曲折的布局组织形式的实现途径。
2. 论述中国古典园林空间中心的实现途径。
3. 思考中国古典园林空间中心的实现途径如何应用于现代园林？
4. 谈一谈古典园林与现代园林空间围合方式的异同。
5. 举例说明古典园林与现代园林的空间划分方法。

第四章 路径引导与造景方法

PPT 课件

合理的路径引导是关系到整个园林景观设计整体结构和平面布局的重要问题。路径引导的目的在于将各自独立的景点进行整体连贯，呈现出对比、过渡、衔接、转折等效果。园林是空间的艺术，园林景观不但考虑静观效果，还要考虑动观效果。路径引导必须考虑人流路线，其次还要考虑其他人流活动路线的可能性，可以分为"开始—引导—高潮—尾声"四个阶段，结合功能、地形、人流活动特点，路径引导有强调和过渡两种效果。

我国的园林设计，一直将主要目的设定为营造美的环境，创造美的意境，在景物设计中营造美的精神享受。园林造景是指通过人工手段，利用环境条件和构成园林的各种要素造作所需要的景观。园林设计者需要依据一定的造景方式，将山林、水体、建筑、地面、声响、天象和气象等因素进行总结与组织，从而促进园林景致的组织与规划，最终促进园林景物与意境的结合。造景方法可以总结归纳为主景与对景、渗透与层次、引导与暗示、高低与起伏四种方法。

第一节 路径引导

有人把园林比喻成山水画的长卷，意思是它具有多空间、多视点和连续性变化等特点，然而山水画是平面艺术，而园林本身是实实在在的空间艺术，不单要考虑某些固定节点上是否能够获得良好的静观效果，还要考虑活动于其中的人是否能够把各个景点有效地、动态地组织起来，因此园林中的路径引导是一个必须关注的问题。

引发游人产生运动的诱因主要有以下四种：驱使因素、排斥因素、运动因素和静止因素。通常，人们的视觉、听觉、味觉、触觉和嗅觉是潜意识地引导游览路线和决定行动的主要因素。另外，舒适性也是一个重要因素。

驱使诱因包括以下多个方面：如果喜欢冒险，朝向暴露处，沿着最小阻力的线路；如果处于威胁，朝向庇护处，沿着最省力的坡度；如果处于混乱，朝向有序之处，沿着有指向性造型、标志或符号的线路。

排斥的诱因也很多，如障碍、一目了然的；陡坡、不受欢迎的；不愉快、没有灵感的；单调的、可怕的、乏味的、危险的、丑陋的等。

运动的诱因主要包括：自然或建筑物形式的安排、标志、暗示性的交通格局、符号、阻挡及屏障等空间分隔类的硬性控制物，如大门、石头、栅格；提示性行进顺序，例如红色到橙色；动态的规划路线和空间形态。

静止的诱因主要包括：舒适、愉悦、轻松的环境；运动受限；私密的场所；无力前进；难做决定；令人能够充分观赏景色、物体或细节的场所；令人愉悦的形体和空间安排；休息和静止等需求得到满足的最适宜位置；使人注意力集中的场所。

一、路径引导的四个阶段

路径引导的合理布局关系到整个园林景观设计的整体结构和平面布局，园林本质上是空间的艺术，相比平面山水画而言，园林景观的结构更复杂，不但要考虑从某些固定的点来看园林景观的静观效果，还要考虑活动于其中的人，在行进过程中是否能够把个别景点连贯成完整的空间序列，从而获得良好的动观效果。因此，路径引导就显得非常关键了，选择特定的观赏路线就决定了整个园林的空间序列安排。空间序列的组织必须考虑主要人流必经的路线，其次还要兼顾其他人流活动路线的可能性。只有这样，才能保证无论沿着哪一条流线活动，都能看到一连串系统的、连续的画面，从而给人留下深刻的印象。

路径引导的目的在于将各自独立的景点进行整体连贯，呈现出对比、过渡、衔接、转折等效果。一般而言，路径引导可以分为"开始—引导—高潮—尾声"四个阶段。

开始阶段是序列设计的开端，预示着将展开的内幕，如何创造出具有吸引力的空间氛围是其设计的重点。

引导阶段是序列设计中的过渡部分，是培养人的感情并引向高潮的重要环节，具有引导、启示、酝酿、期待以及引人入胜的功能。

高潮阶段是序列设计中的主体，是序列的主角和精华所在，在这一阶段，目的是让人获得在环境中激发情绪、产生满足感等种种最佳感受。

尾声阶段是序列设计中的收尾部分，主要功能是由高潮恢复平静，也是序列设计中必不可少的一环，精彩的结束设计，要达到使人回味、追思高潮后的余音效果。

我国传统园林从入口开始到出口结束往往采用收、放、收，或收、放、收、放、收的手法，入园时多为收，建在一种较为收缩的环境中，经过障景阶段豁然开朗则为放，再进入较为狭窄延续的空间又成收，回转之后又成为放的局面，最后以恬静的环境收尾。这种收与放会因园林的面积大小不同而有不同的处理，放时进入主体形象、重点部位，进入高潮；收时巧施变幻，收而不闭塞、不单调。空间序列构思的种种变化使游人在不知不觉中感受到游园的节奏感与韵律感。

北京植物园从主入口进入以后先看到的第一处空间是一块置石为主景形成的开始阶段，走过大约200米进入第二处空间——以大型雕塑为中心的花坛，这是转折阶段，在大概相距50米的地方有跌水形成的下沉广场，鲜艳的花台、喧闹的旱喷、大气的尺度都使人们感受到空间的热烈与兴奋，这正是高潮部分，上台阶之后来到平台，展现在眼前的是绵延的山脉和蜿蜒的河流，给人以平静之感，这就是序列的结束部分（图4-1）。

二、路径引导的两个类型

结合功能、地形、人流活动特点，路径引导的效果一般有两种类型：一种是强调，沿着轴线方式展开，可以沿着一条纵轴线或横轴线展开，也可以沿着纵轴线和横轴线同时展开，通过非常强烈的感受和体验，截然相反的对比和转折，引导游人从一个空间到达另外一个空间，是一种明确的引导效果。另外一种是过渡：以迂回、循环形式展开，通过非常隐晦的感受和体验，流畅衔接的对比和转折，引导游人从一个空间到达另外一个空间，是一种含蓄的引导效果。

轴线对称的景观布局形式对应的空间序列是沿着轴线方式展开的，规整式布局的景观设计属于这个类型，我国传统的宫殿寺院多是轴线（主路）对称的规整式布局，其空间序列就是沿着轴线的方向展开的，北京故宫博物院（以下简称北京故宫）就是非常典型的例子（图4-2），虽然规模很大，但主要空间序列极富变化，并且这种变化又是围绕着某个主题展开，于是把许多个空间纳入完整、统一、和谐的序列之中。

对于既不对称又没有明确的轴线引导关系的布局形式，则常采取迂回、循环的形式组织空间序列。通过空间的巧妙组合，引导人们沿着某几个方向，经由不同的路线由一个空间走向另一个空间，从而走完整个空间序列，人们既可以沿着这条路线走，也可以沿着另外一条路线走，但是都能经历空间的开始、引导、高潮和尾声的不同阶段，从而收获良好的空间体验。我国传统私家园林就是属于这一类型。

苏州的留园，其空间组成异常复杂，就整体来看几乎很难找到一条明确的观赏路线以及与之相适应的空间序列。尽管如此，我们还是可以把它划分成几个相互联系的"子序列"，而这些子序列也不外分别采用或近似于前述的几种基本序列形式。如留园，其入口部分颇近似串联的序列形式，中央部分基本呈环形序列形式，东部则兼有串联和中心辐射两种序列形式的特点。由此看来，某些大型园林实际上所采用的是一种综合式的空间序列形式。

留园（图4-3）有多种多样的观赏路线可供选择，并且无论沿着哪一条路线来观赏，都能借大小、疏密、开合等对比与变化而使其具有抑扬顿挫的节奏感。但是其中可能有那么一两条路线或许因为更合乎空间序列的逻辑而使人流连忘返。例如，进至园门后，先经过一段曲折、狭长、封闭的小空间，使人的视野极度收束；至古木交柯处路分两头，可西可东，但借空间的引导舍东而西，待到达

图4-1　北京植物园实景图

绿荫时，空间豁然开朗，使人精神为之一振，从这里环顾中部景区，使人情不自禁地为曲溪谷楼、西楼高大华丽的外观所吸引，再自西而东地返回古木交柯，复向东经一段较封闭、狭长的窄巷来到五峰仙馆前院，从而又经历一收一放的变化；继续向东穿过石林小院一连串小空间，视野再一次收束，待过林泉耆硕之馆（鸳鸯厅），无论向北或向南，都因空间的扩大而再次获得开朗的感觉，特别是到冠云楼前院，景观变化尤为丰富；至此，经曲廊向西既可直接返回中部景区，又可绕过北部景区而到达西部景区，但无论沿哪一条路线，都必然要经历一程景观组织得较稀疏的空间而使视觉处于松弛状态；待回到中部景区，情绪再度兴奋，至此完成了一个循环。

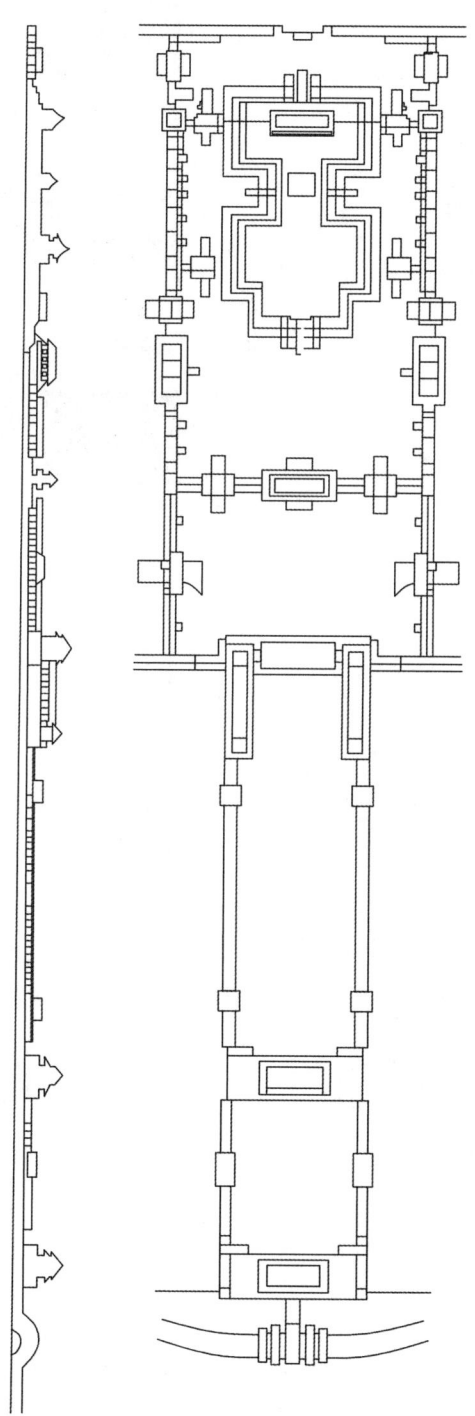

北京故宫博物院主轴线上的外三殿所形成的空间序列

北京故宫博物院轴线上的外三殿所形成的时间——空间序列：
1. 金水桥是这一空间序列的"前奏"；
2. 天安门、端门、午门以及其所处的狭长院落造成了形体和空间上的反复"收""放"和相似重复；
3. 午门以其三面围合的空间预示着另一"乐章"的开始；
4. 新"乐章"开始，金水桥又一次重复"前奏"，但院落空间变大变宽；
5. 太和门在"收"的同时，通过台阶的上和下，预示高潮到来；
6. 进入形状重复但规模扩大的太和殿主院落；
7. 太和殿宏伟的体量、高大的台基、开阔的空间、构成这一序列的高潮；
8. 中和殿、保和殿及其院落，在形体和空间的相似重复中逐渐减弱，接近"尾声"。

图4-2 北京故宫博物院平面图

现代景观设计中除了规整式布局以外，大多数的布局采用迂回、循环的形式组织空间序列。

三、案例解析

方塔园（图4-4）是松江古城中一座以观赏历史文物为主体的园林。全园占地面积182亩，园址原是唐宋时期古华亭的闹市中心，东有爱民街、西有三公街，既是古代文人的会聚地，又是松江遗址的缩影。园中的照壁是上海乃至全国最古老、最精美、保存得最为完好的大型砖雕艺术珍品，是古代劳动人民智慧的结晶。方塔园的规划以方塔为主体，保存邻近的明代大型砖雕照壁、宋代石桥和七株古树；从园外迁建明代楠木厅、湖石五老峰和美女峰、假山、清代天妃宫大殿；地形改造仿县境中有名的九峰三泖，在园中堆9个土丘，开挖河池，并点缀亭榭；保留原有的大片竹林，以草皮和主题树种统一全园底色。规划的目标是要建成一个自然、空旷、幽静、富有文物观赏性的园林。方塔园的路径引导是典型的综合路径引导方式，整体以闭合路线为主，中间穿插串联路径，串联路径以北门开始至方塔结束。很好地诠释了古典园林的艺术手法在现代景观设计中的应用。

A处是北入口所在地（图4-5），方塔的地面标高为+4.17米，而周围地面标高却在+4.7米左右，所以地势对显示方塔的高耸是不利的。为了弥补塔基过低的问题，利用通道和甬道的标高变化以模糊游人对塔基绝对标高的概念。由北大门进入，沿石板路行进，至古树水井处地坪抬升1米，空间简洁，氛围宁静。

B处展示的是从北入口进入甬道的位置（图4-6）。矩形平面的石板通道交错盛合，层层跌落，空间狭长，浓荫蔽日，有一种曲径通幽的绝佳意境。石板通道东侧曲线形的挡土

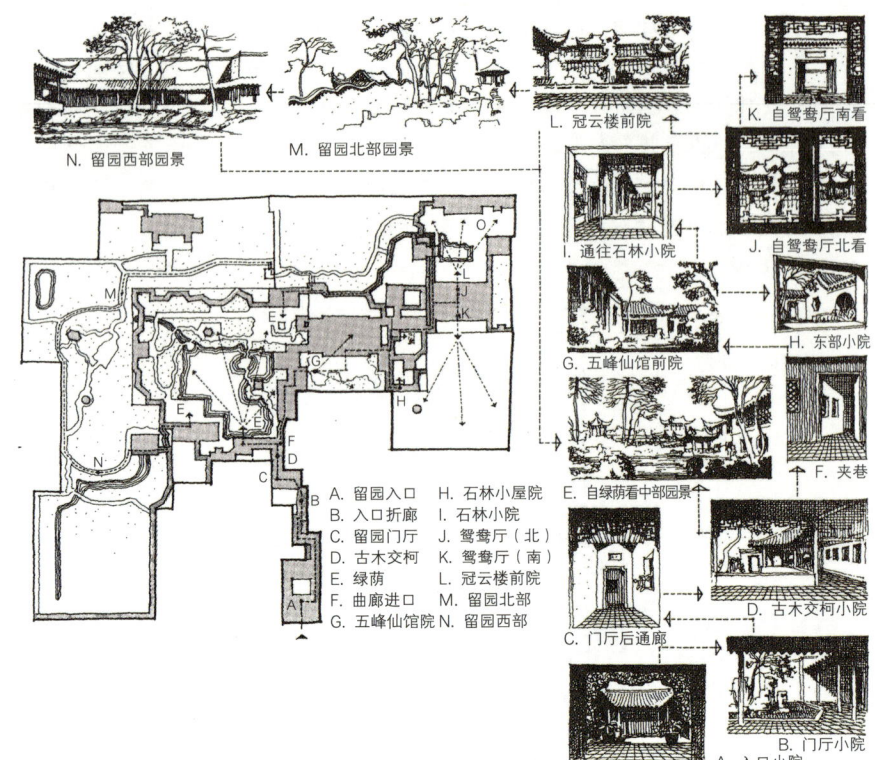

图4-3 留园平面图

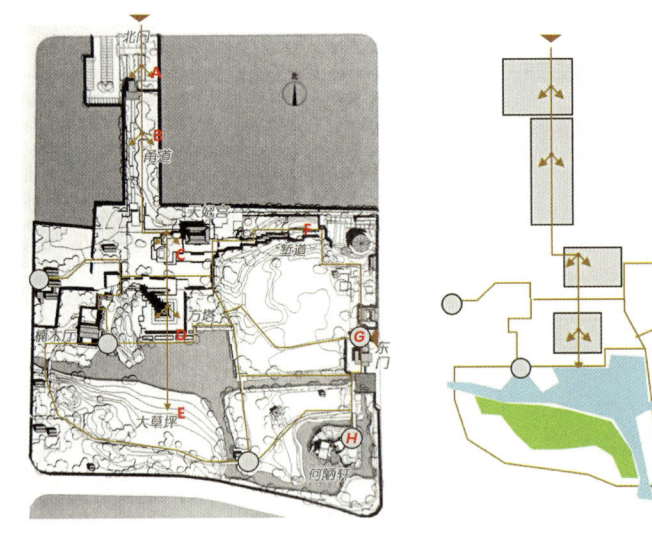

图4-4 方塔园景点及路线平面图

墙围合的花坛，西侧直线形的挡土场围合的花坛，也形成了空间上的对比。通道略有曲折，辅以花境的曲线，以增强游人对景观效果的总体感受，从而积聚期待，以加强方塔突然呈现时的惊喜感。

继续向前，到达图C的位置天妃宫（图4-7），该宫建于1883年，前身为"顺济庙"，位于上海市中心"天后宫"大殿内。后因诸多原因，天后宫遭到严重破坏，"顺济庙"成了宫内仅存的一座建筑物。为保存古迹，后被迁建在方塔园中，更名"天妃宫"，呈现的是浦江妈祖文化。从平面图上看方塔与天妃宫并不处于同一轴线上，规划布局采用塔殿不同轴的做法。主要原因是宋塔、明壁、清

殿是三个不同朝代的建筑，如果塔与殿按一般惯例进行轴线布置，则势必使得体量较大而年代较晚的清殿反居主位，何况塔与壁，一为兴圣教寺的塔；一为城隍庙的照壁，原非一体，二者互相又略有偏斜，原来就不同轴。再则，三代的建筑形式有很大的差异，若新添建筑必然在采取何代的形制上无从考量，因此决定塔殿不同轴。于方塔周围视线所及，避免添加其他建筑物，取"冗繁削尽留清瘦"之意，更不拘泥于传统寺庙格式，而是因地制宜地自由布局，灵活组织空间。

过天妃宫后经过一段弹街石地面的广场，即可到达方塔前院，广场是三项文物的纽带和进入塔院的前奏，其地面标高低于塔院。从塔院看，方塔跃然眼前，塔院的开朗与之前的狭长空间形成强烈对比，明壁水池前有平台，便于游人近观砖雕。广场之北，天后宫大殿之西，结合古树组织了一组标高不同、大小不等的台坛，在此可观看照壁全貌。这组高低错落的台，既是为了保护古树树根，又与较宽阔的广场和方整的塔院形成繁简的对比。广场、塔院、平台等用不同的石料和不同的砌纹铺地，共同起到建筑第五"立面"的作用。宋塔、明壁、清殿及古树，各依其原标高组成起落、繁简、大小相同的空间，把文物点染烘托起来，以表达珍视文物如拱璧之意。塔院的尺度决定于塔高，塔体修长，近观时距离近些可更感巍峨，故设东、南两段院墙，离塔的中心32米，院内仰视塔顶的角度为65°。院墙简洁是为了不致分散观赏方塔的注意力。墙外的地面高于塔院，有此两段院墙的屏隔，可避免产生塔基低陷的感觉。如图4-8所示展示了从远处观看方塔的效果，同时也可以看到东、南两段院墙。

如图4-9所示展示的是从方塔顶端观看对面草坪的效果，与方塔的紧凑布局相比，这里简洁的水面、草坪

图4-5　A处北入口外部景观

图4-6　B处甬道景观

图4-7　C处天妃宫

和林木组成了一幅天然开阔舒朗的画卷，视野体验极佳。这里的大片草坪缓坡入水，散植丹枫，由北岸南眺，乌桕衬托着背日丹枫，晶莹剔透，尤其秋景，极其美丽。

E处为方塔南北的大草坪（图4-10）。院墙与驳岸简单有力的横线成为塔的衬托，碧波塔影蔚成一景。

G处为方塔园东门入口。在东门的一侧砌边长为20米的方池，隔水眺望河道两岸风光，作为泄景。本来游人由东面来早已望见方塔，入东门一片竹林屏障，只见方塔的上半部，因更设照壁一道、垂门一座，有意导向北行，过垂门，一片石铺硬地的终端正是两株参天的古银杏，越小丘、经圆洞门，东为青瓦钢架的茶点厅，尝试运用新型结构与传统形式相结合，以富于变化的内部空间，表现出园林建筑的气氛。如图4-11所示为东入口的圆洞门景观效果。

F即为东入口的堑道（图4-12）。由圆洞门向西进入高低曲折的堑道，堑深2.5~3.0米，宽4.0~6.0米，石砌两壁。出堑道、登天后宫大殿平台看到方塔与广场，顿时感觉豁然开朗。这是尝试运用我国传统园林幽旷合的处理手法。堑道曲折凹凸，拾级而下，富于变化。空间狭长幽闭，堑道的尽端隐约露出天妃宫大殿，经历堑道的旷幽开合后到达方塔广场，在堑道中行走可隐约望见方塔的上部。

H处为方塔园东南一处较为独立的景区。方塔园通过山体与水系的整理把全园划分为几个区，各区设置不同用途的建筑，形成不同的内向空间与景色。这也是我国大型园林的布局特点。东北有茶点厅，东南有诗会棋社用的竹构草顶茶室，南有欣赏塔影波光的水榭，西南有鹿苑和大片可以放养的草地，西面有以楠木厅为主体的园中之园，作陈列展览之用，西北有小卖摄影部等服务设施，再西为管理区。

图4-8　D处方塔（从远处观看方塔）

图4-9　从D处方塔观看对面草坪

图4-10　E处草坪回看方塔

图4-11　G处东门入口广场和影壁坪

图4-12　F处堑道

图4-13　H闭合路径上的景观节点何陋轩

如图4-13展示的是诗会棋社用的竹构草顶茶室——何陋轩，也是整个闭合路径上的重要景观节点。

中国古典园林的传统在现代园林规划中具有新的生命力。这里给大家重点介绍了采用综合路径引导的方塔园。通过对方塔园规划的解析，可见继承传统主要应该领会其精神实质和揣摩其匠心意境，吸取营养，为我所用，不能拘泥形式，生搬硬套。

中的视觉联系，满足看与被看的基本需求，园林中的主要建筑和风景点，均可以各自为中心在满足看与被看的前提下，组成错综复杂的视线网络。园林设计的整体布局和景点设置正是在这种无形的视觉网络制约下，才见其匠心。所以，从平面上看，一切园林设计看似偶然的布局，实际上凝聚着造园家苦心的经营和设计（图4-14）。这与西方园林有着比较大的不同，在西方，无论群体组合还是城市规划，都讲究在轴线的终端或交叉点设置景点以满足视觉要求，这种构图形式人们可以一眼看到其必然性，中国古典园林却非常不同，同样采用对景，但在中国园林中对和被对这两种要素之间却以偶然的形式出现，由看与被看的视觉关系所制约，从而影响园林设计的平面布局，这种十分含蓄而且更加复杂的观景体验形式在中国古典园林中十分常见。需要注意的是，这种看与被看是有一定的主次之分的，二者并非等量齐观的布置在每个设计节点中，这就是说针对不同的建筑特点或场地特征，应该有所侧重，例如某些建筑可能以观景为主，而另外一些建筑可能以点景为主，前者用来满足看的要求，而后者用

第二节　造景方法

景观层次营造方法可以总结归纳为以下几个方面：主景与对景，渗透与层次，引导与暗示，高低与起伏。

一、主景与对景

主景与对景考虑的就是观景体验

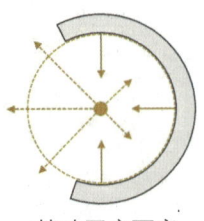
拙政园扇面亭

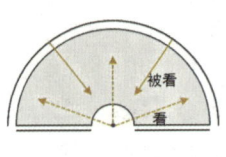
留园湖山真意亭

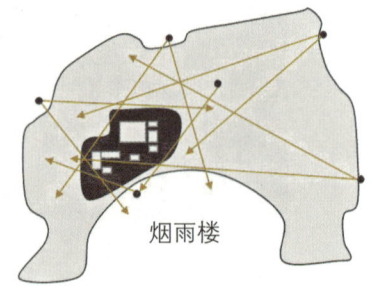
烟雨楼

图4-14　园林视线图

图4-15 上海世纪大道实景图

来满足被看的要求。用来满足观景要求的建筑,本身作为一种客观存在当然无法回避被看的要求,为此也必须有优美的体型和轮廓线,但毕竟还是通过它来观赏周边景色,故称之为主景,即主动观景的意思,而另外一个被称为对景,即被看的对象。

1. 主景

景观空间里主景往往呈现主要的使用功能或主题,是视线控制的焦点,是空间布局中的重点景物,处理好主配景关系,就达到了提纲挈领的效果。突出主景的方法有:

(1)主体升高:主景升高,视点降低,看主景要仰视,以简洁明朗的蓝天远山为背景,使主体的造型轮廓鲜明、突出。

(2)运用轴线和风景视线的焦点:主景常布置在中轴线的终点,或景观纵横轴线的相交点,或放射轴线的焦点或风景透视线的焦点上。风景视线的焦点,则是视线集中的地方,也有较强的表现力。

(3)动势向心:四面环抱的空间,如水面、广场、庭院等,四周次要的景色往往具有动势,趋向于一个视线的焦点,主景宜布置在这个焦点上。如杭州西湖四周景物和山势,基本朝向湖中,湖中的孤山便成了焦点,在西湖上格外突出。

(4)空间构图的重心:主景布置在构图的重心处。规则式景观构图,主景常居于几何中心,而自然式构图,主景常位于自然重心上。景观主景体量大而高,自然容易获得主景的效果,但低而小者只要位置得当也可成为主景。以小衬大、以低衬高,可以突出主景,同样以高衬低、以大衬小,也可成为主景。如园路两侧植高树,面对园林小筑,小筑低矮,反成主景。亭内置碑,碑成主景。

(5)通过自身体量和色彩的对比突出主景,上海世纪大道的日晷雕塑度突出,成为空间主景(图4-15);标志性的华盛顿纪念碑雕塑形体简约、高耸,为了更加突出纪念碑的尺度,周边环绕的座凳形式宽而矮小(图4-16)。

全园的主景或者说主要布局中心往往是诸方法的综合。规整式布局设计中通过轴线对称、主体升高、体量上

图4-16 华盛顿纪念碑雕塑实景图

的悬殊等方法以求得主从分明,对于自然式布局或抽象布局往往用空间的形式、大小、明暗对比等来突出主题。如整齐规则的空间院落与自由、曲折、不规则的空间院落之间,往往由于气氛上的迥然不同,从而产生强烈的对比作用,北海静心斋就是一个典型的例子(图4-17)。它的入口部分水院呈规则的矩形,气氛颇为严肃。但位于其后的主要景区,则是一个横向展开的不规则的空间院落,院内既有曲折的水池,又有林立的山石,加之树木葱茏,屋宇参差错落,当由严整的前院来到这里,顷刻之间气氛突变,犹如置身于蓬莱仙境。

无论中国古典园林中,还是现代景观设计中,利用空间的形式、大小、明暗的对比都是突出主景非常重要的方法,苏州艺圃,首先经过两处不同方向的线性狭窄夹景空间,然后达到有建筑方形洞门和乳鱼亭柱子形成的渗透框景,走近,眼前豁然开朗,山水景观呈现眼前(图4-18)。如图4-19所示的欧洲某处现代景观,同样经

空间的对比

严整的空间院落与富有自然情趣的空间院落之间也可以构成气氛上的对比。如北海静心斋，它的入口部分为一严整矩形水院，但位于其后的主要景区则为一横向展开的不规则的院落，院中既有曲折的水池，又有林立的山石，花草树木更是十分繁茂，当经由严整的水院来到这里，顷刻之间气氛突变，从而强烈地感受到一种自然情趣。

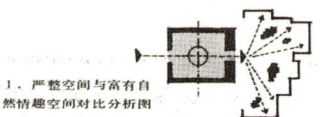

1. 严整空间与富有自然情趣空间对比分析图

5. 过厅堂，来到园的主要景区，一派自然情趣突然间呈现于眼前，可使人的情绪为之一振。

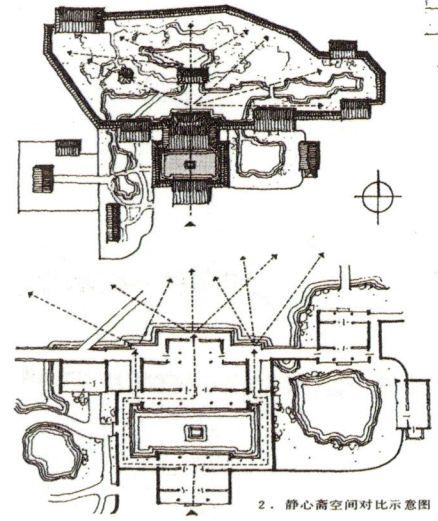

2. 静心斋空间对比示意图

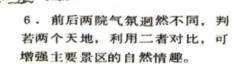

6. 前后两院气氛迥然不同，判若两个天地，利用二者对比，可增强主要景区的自然情趣。

3. 入园后，首先来到静心斋主要厅堂前方的水院，气氛十分严肃。

4. 通过迴廊自两侧绕过水院，可进入静心斋主要厅堂。

图4-17 北海静心斋分析图

图4-18 苏州艺圃

图4-19 欧洲景观实景图

过一条狭窄封闭的线性空间，继而来到主要景观区——开阔的水面空间。

2. 对景

对景一般指位于景观轴线及风景视线端点的景物。多用于景观局部空间的焦点部位。对景可进行严整、规则的对称处理，也可进行灵活、拟对称的处理。多在入口对面、甬道端头、广场焦点、道路转折点、湖池对面、草坪一隅等地设置景物，一则丰富空间景观；二则引人入胜。其包括两种形式：

（1）正对：是在道路、广场的中轴线端部布置的景点或以轴线作为对称轴布置的景点。正对的景物，具有庄严、肃穆和一目了然的效果，有时可将它作为主景。如北京奥林匹克森林公园入口的景石、泉城广场景观轴线上的泉标。美国莱克伍德公墓的教堂与中心水池形成正对之势（图4-20）。公墓陵园风格展现了一幅空旷、和平的风景，建筑伴着静静的倒影池、本地树木构成的小树林以及沉思的壁龛——鲜明的当代设计与它的历史环境和谐地融为一体。

（2）在轴线或风景视线的两端设景，两景相对，互为对景。至于互对，则有自由、活泼、灵活、机动的美感。"相看两不厌"，是互为对景的特趣。如奥运村南北景观主轴上，在景观廊架里能观赏到影壁墙，在影壁墙处又可观赏到廊架（图4-21）、天津武清文化公园的明珠主题雕塑对应水上立体雕塑（图4-22）。

古典园林中对景的运用已经达到了登峰造极的地步。在古典园林中，常常是步移景异，设置对景是使处处有景可观相当普遍的办法。对景常常是以偶然的形式出现的。而且，景点之间常常互为对景，即同时满足"对"与"被对"。中国古典园林的景点看起来似乎很凌乱、偶然，几乎没有什么规律可循，实际上其中有许多要素之间都不着痕迹地置于某种视觉联系的制约之中，表现得十分含蓄，而作为视觉联系的基本内容便是彼此间都同时考虑到看与被看这两方面的要求。

例如拙政园西部的扇面亭（图4-23），这是一个极不引人注目的小建筑，初看似乎是可有可无的，但几经琢磨便感觉到无论从看与被看这两方面要求来讲，点缀在这里的扇面亭，的确十分巧妙地置于视觉制约关系的焦点之中。从被看的方面讲，它的位置异常突出，特别是从园的中部经别有洞天门来到西部，作为被观赏的对象——对景，它首当其冲，成为人的视线所能捕捉到的第一个对象，成功地起到了"点景"的作用。此外，从园的其他一些关键部位如通往留听阁的曲桥或通往倒影楼水廊的突出部分看，都能获得良好的效果。再从看的方面讲，扇面亭的位置选择和处理也是十分有趣的，不仅正面临水开朗，而且其他三面通过门洞、窗口均有景可对。又如，在拙政园

图4-20　莱克伍德公墓实景图

图4-21　奥运村景观主轴

图4-22　天津武清文化公园

看与被看

处于园林之中的建筑物或"景",一般应同时满足两方面要求:一是被看;二是看。所谓被看,就是说它应当作为观赏的对象而存在,必须具有优美的景观效果;所谓看,就是要提供合适的观赏角度去看周围的景物,从而获得良好的观景条件,上述两方面要求,往往成为建筑物或"景"的位置选择的依据。园林建筑,既无轴线引导,又不讲求平衡、对称或对位关系,乍看起来一切若似任意摆布、纯为偶然,但实际上却又深刻、含蓄地受到这种视觉关系的制约。

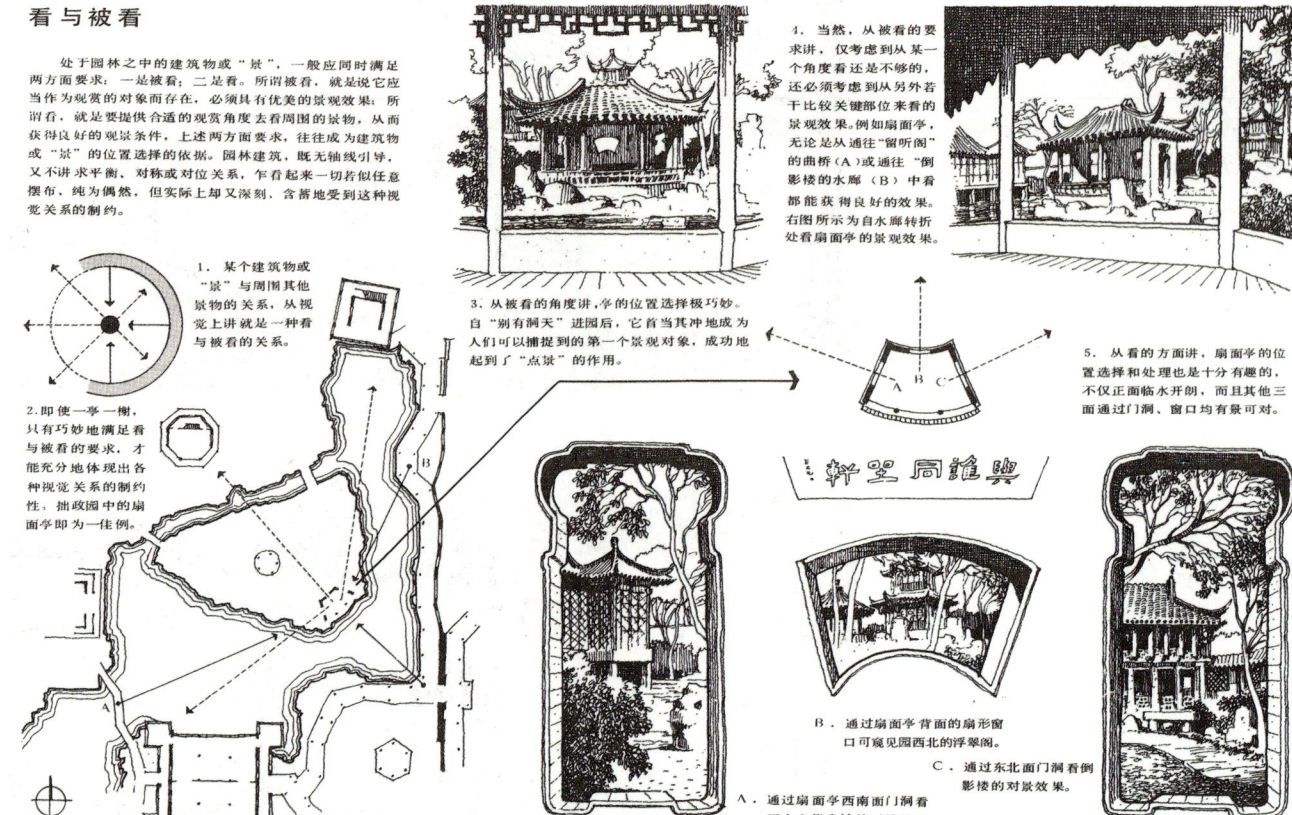

图4-23 拙政园分析图

从枇杷小院内透过圆形洞门正好看到雪香云蔚亭及平缓的土石山,而在远香堂前的平台处(枇杷小院的外侧)透过圆形洞门看到的是枇杷院的嘉实亭和枇杷树。可见,雪香云蔚亭和嘉实亭互为对景,更为巧妙地是对景的形成离不开圆形洞门恰到好处的框景(图4-24)。

图4-24 拙政园实景图

二、渗透与层次

中国的古典园林追求意境的幽雅和深邃,在极其有限的空间中,通过各种方式增强景观的深度感和层次感,从而获得悠远的意境。利用空间的渗透形成丰富的层次变化而极大地加强景观的深远感(图4-25)。这就意味着尽管实际距离不变,但给人的感觉是一种极其深远和不可穷尽的幻觉。园林空间的渗透和层次变化主要通过对空间的分隔和联系等处理方式来实现的,即空间分隔之后又保持一

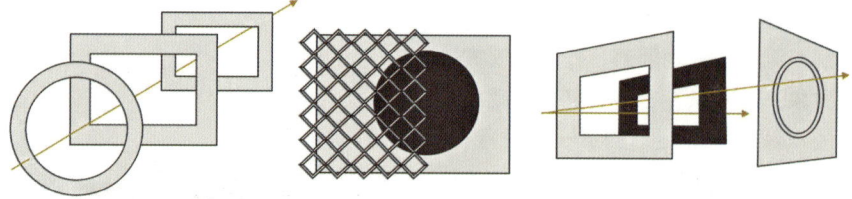

图4-25 渗透与层次

定的连通,使得游人的视线从一个空间穿透至另一个空间,从而使两个空间相互渗透并富有层次变化,甚至被分隔的空间本来处于静止的状态,但一经连通,随着空间的渗透和延伸,原来的静止状态就被打破,从而产生了流动的感觉。这个道理与西方近现代建筑所推崇的流动空间理论十分相似,在处理空间的分隔与联系的具体手法方面,更是如出一辙。追求意境的幽雅和深邃是中国

古典园林中的重要特征之一，由于古典园林是在极为有限的空间范围内经营，为求得意境的深邃，造园者往往不遗余力地通过各种方法增强景观的深度感。

江南园林，特别是苏州一带的私家园林的建筑，常设置大量门洞、窗口而使建筑内部空间和庭院空间被分隔的空间互相连通、渗透。例如，留园过了鹤所的东部景区，在墙上开了许多门洞、窗口，人的视线可以穿透一重又一重的门洞、窗口自一个空间看到一连串的空间，从而使若干个空间互相渗透，于是便产生极其深远，乃至不可穷尽的感觉。

被分隔的空间本来处于静止的状态，一经连通，随着相互之间的渗透，又似各自都延伸到对方中去，所以打破了原先的静止状态而产生一种流动的感觉。如自留园入口向东经曲溪楼、西楼底层去五峰仙馆的建筑空间，既曲折狭长，又暗淡封闭，本来是会使人感到单调沉闷的。然而由于在临中部景区的一面建筑侧墙上一连开了十一个门窗洞口，而且各个洞口无论在间距、大小、形状和通透程度上都不尽相同，每当穿过这个空间时，人们便可透过这一列富有变化的洞口来窥视外部空间的景物，不仅可以获得时隔时透，忽明忽暗，既有连续性又充满变化的印象，而且还因洞口的形式各异，而具有明显的韵律节奏感。渗透的景观效果主要来自框景和漏景的处理，框景是有选择地利用门框、窗框、树框、山洞、小品等摄取其他空间的优美景色，使景色仿佛框中之画，此为框景。框景不单是为巧借别处之景，也是对视线空间的一种延展和处理，往往太过封闭的院落，或是屋室都需要利用框景延伸视线空间。

在古典园林漫长的发展过程中，框景本身也发展出各式优美的框的形式，所以框景本身也变成了景观的一部分。例如，留园，从西楼一八边形洞门望出，水面、曲桥、假山与半露的濠濮亭形成优美的画卷；狮子林中修竹阁旁走道内有一六边形窗洞，窗洞内池岸黄石假山"小赤壁"、曲廊与御碑亭形成静幽的美景。

万科第五园运用现代简洁的景墙窗框，对广阔的水景及对面的建筑有选择地摄取空间的优美景色，并将动态的琴声、飘扬的小舟纳入其中，使人坐在园中，透过景窗欣赏美景，聆听乐曲，如临仙境。框景手法的应用加大了景深效果，形成了一幅美丽的画面（图4-26）。如图4-27、图4-28所示为印度的泰姬陵、韩国釜山立交桥的框景景观。

金属材料、混凝土、玻璃等新材料的出现为框景带来了不同于传统框景的新感受，赋予了框景新的时代生命力。如图4-29所示为日本景观设计师长谷川弘直设计的城市街区景观，其用混凝土材料营造的框景，相较传统的粉墙与青砖的组合，更简洁、轻盈，更具有鲜明的时代特色。如图4-30所示为天津格调竹境的室外景观，此框景

图4-26　万科第五园

图4-27　印度的泰姬陵

图4-28　韩国釜山立交桥

图4-29　城市街区景观

采用了青瓦堆砌成景墙，中间用具有反光的钢材包边形成景框，新旧材料的差异碰撞出不同的感觉，这是对传统形式的继承和发展。

框景的创新不仅体现在其时代感的材料上，对于框的形式也相较于传统丰富了许多，现代景观设计中的框景也更自由，如图4-31所示的深圳万科第五园中大尺寸景框，其将周围新中式的建筑框入巨大半圆形的画框中，宛若一幅描绘江南水乡的抽象画；如图4-32所示为上海浦东区喜马拉雅中心，其倾斜弯曲的墙体上有不规则形的窗框将外部空间的景色引入狭长昏暗的空间中。

漏景由框景发展而来，框景景色全观，漏景则若隐若现，可营造丰富的空间层次。漏景可以用漏窗、漏墙、漏屏风、疏林等手法。

漏景已在古典园林中随处可见，木质漏窗外必有景可观，或是设置植物，或置一组景石。如图4-33所示，怡园中的复廊将园分为东西园，主庭院与坡仙琴馆前庭院透过漏窗互相借景，行走在曲廊中，漏窗中景各不相同，有移步换景之感。

在现代景观设计中，漏景材料越来越趋于多样化，样式也多变化。例如，万科第五园运用漏景的造园手法丰富了景观层次，现代简洁的实墙与漏墙虚实结合，竹子若隐若现，含蓄雅致（图4-34）、常州紫荆公园的漏景窗（图4-35）、现代中式住宅景观忆江山的漏景墙（图4-36），图4-37为上海嘉定新城石风门塘，采用锈钢板上镂空花纹、字母等形成漏景。

深圳的翠竹公园（图4-38）通过廊子形成框景与漏景的虚实变化及多变的空间。翠竹公园基地形状不规则，由北至南高差有13米，设计采用一条折线开放式长廊依原始的挡土墙而建，蜿蜒于山边，通向山顶，延伸到公园的另一入口，折线形廊子与墙之间形成一系列的三角形空间，重新界定了公园东侧的边界。竹、花、树，在这些被界定的空间里形成了若干幅中国画，行走于廊子，步移景异。沿山林逐级抬升的长廊，将狭长的坡地切割成形状各异的种植台地。台地上栽种花、草、农作物，在鼓励附近居民和孩子们来参与体验种植的乐趣时，也是最大程度地引导公民参与社区环境的创建与维护。从繁闲的城市生活跳跃到田园实践和竹林间的休闲活动，是对人们回归山野的内心渴望的积极回应，翠竹公园是带给人宁静致远的空间体验的现代中国园林，同时也是原始自然生态的见证和纪念。

图4-30　天津格调竹境室外景观

图4-31　深圳万科第五园

图4-32　上海喜马拉雅中心

图4-33　怡园实景图

图4-34　深圳万科第五园

图4-35 常州紫荆公园

图4-36 忆江山

图4-37 上海嘉定新城石风门塘

图4-38 深圳的翠竹公园

三、障景与隔景

1. 障景

障景是指在景观中抑制游人视线的景物，避免游人对景物"一览无余"，是"欲扬先抑""俗则屏之"的具体体现。把某些精彩的景观或藏于偏僻幽深之处，或隐于山石、树梢之间。避免开门见山，一览无遗，把"景"部分地遮挡起来，而使其忽隐忽现，若有若无。障景还能隐蔽不美观或不可取的部分，可障远也可障近，而障本身又可自成一景。如现代小区（图4-39）园路上的隔景墙，以及住宅小区入口的景墙设置、建筑前方的竹林绿化，奥运村南北四个大门采用障景的造园手法，分别用彩陶文化、青铜文化、漆文化、玉文化的叠水影壁将美景置于其后，达到欲扬先抑的景观效果。

2. 隔景

分隔景观中的景色，称为隔景。通过分隔，可使园中若干景点、景区显其特色；游者可各游所好，同时也可避免互相干扰。对园景来说，能使景致丰富、深远，增添构

图4-39 现代小区实景图

图4-40 拙政园实景图

图4-41 西方现代景观设计

图变化。隔景有实隔、虚隔之分。

实隔时，游人视线基本上不能从一个空间透入另一个空间。以建筑、实墙、山石密林分割形成实隔。

我国园林在这方面有很多成功的例子。拙政园分为三个景区：中部是拙政园主景区，以水为中心，水面约占三分之一，水面广阔，景色自然，沿池建有形体不同、高低错落的建筑物。西部以水池为中心，其建筑较为密集，装饰华丽，和中部的疏朗相比别具一格。东部布局以平冈草地为主，配以山池亭榭，是开朗舒畅的风格。三个景区的分隔是用复廊进行实隔，复廊是在双面空廊的中间隔一道墙，中间墙上开有各种式样的漏窗，这种处理方式既可以起到分隔景区的作用，同时通过漏窗又使两侧景物隐约渗透，在需要通行到某个对景或是景区时便开设圆形洞门连接道路（图4-40）。

在西方现代景观设计中也有隔景的处理手法，如通过红色墙体将空间分成不同的景观效果：一侧开阔水面；一侧绿荫植被，同时通过门洞使两个空间相通（图4-41）。

虚隔时游人视线可以从一个空间透入另一个空间。以水面、疏林、道、廊、花架相隔，形成虚隔。虚隔的例子比比皆是，如图4-42所示的水面与廊桥便是虚隔，增加了空间层次，丰富了视觉效果和游赏体验。折形桥丰富了水面空间，且有了近景、中景与远景的景观层次。花架分割了两边的景色，却不遮挡视线，两边景色既各有其特点又可相互贯穿，花架的作用，便是虚隔，林下小径，两侧种植稀疏的树林，既起到分割景观的作用，又可透景，交错两侧的景观，这也是虚隔。

四、引导与暗示

借助空间的组织与引导性可以起到引导与暗示的作用（图4-43）。暗示是指如果通过景观设计具有提示意味，那么人们便能够充分理解其含义，从而扩大观景体验的范围和程度。引导是指利用不断演化的、有吸引力的空间将终点的景观特征逐渐展示出来，达到引人入胜的效果。例如园林中的游廊，一种狭长的空间形式，具有极强的导向性，这种游廊总是给人一种暗示：沿着它所延伸的方向走下去，必定会有所发现，因而处于其中的人不免怀有期待的情绪，巧妙利用这种情绪，便可以借助游廊把人不知不觉地引导至某个确定的目标——景观的所在地。之所以采用引导与暗示的手法，是因为园林设计中的主体部分往往位于整个场地的纵深处，为了将游人吸引进来，就必须处理好进入主景区之前的空间组织，才能够成功地把人引导至园林的主要景区，如果不加引导，那么园林设计的空间组织就会因失去连贯性而中断。

图4-42 虚隔示例

五、高低与起伏

高低与起伏主要是围绕园林空间中的竖向变化展开的，我国古典园林和其中的建筑群多依靠地形变化和起伏增加观景体验的自然情趣（图4-44）。高低起伏的变化给游人带来了俯视和仰视的不同视觉感受，增加了观景体验的层次感。具体而言，可以通过改变建筑的轴线方向、体量和层次，特别是屋顶形式，加强立面的韵律变化和节奏感。另外，园林建筑经常选择依山傍水或者地形有变化的地方，也可通过人工的方法堆山叠石，引水开池，从而改变原有地形，使之具有起伏变化。中国古典园林的高低与起伏是充分利用自然地形的结果，高低错落而形成自成天然之趣味，使人感到参差错落而变化无穷。

六、案例解析

以宁波玖著里为例分析现代景观中的渗透与层次等造景手法，现代景观设计完全可以将外来文化与传统文化进行良好结合，创造出既属于中国的也是世界的现代景观。

半藏半露

建筑多藏于山谷林荫之间

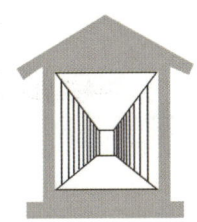
曲廊的引导

图4-43 引导与暗示

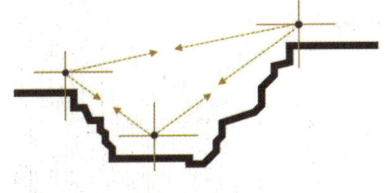
高低起伏带来的视觉变化

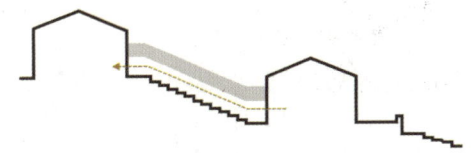
建筑群的高低起伏与层次变化

图4-44 高低与起伏

如图4-45所示，红色线代表实体挡墙，绿色线代表钢格栅墙，蓝色线代表玻璃墙，黄色线代表防腐木墙，绿色填充色代表连廊，橙色填充色代表庭院。场地位于宁波城区，原为某工业办公用地。设计师将其设计为现代城市宅园项目，住宅建筑布置以后，留给景观以及会所的空间只有沿街道一块约5000平方米的三角形地块。设计要能承载这个地方深厚的文化积淀。

A处为入口区域，玖著里是一个南北狭长的居住区，展示区面积约5000平方米，是位于住宅楼和街道之间的一块三角形地块。入口位置受规划条件限制已经确定，销售厅作为未来的书院要有对外直接开放的可能性。入口左侧为西侧是停车场，右侧为主要景区。沿街道3.6米高的围墙将社区内外划分，入口处在围墙的基础上增加了格栅廊架和门，加以强调。入口院子的设计考虑到了

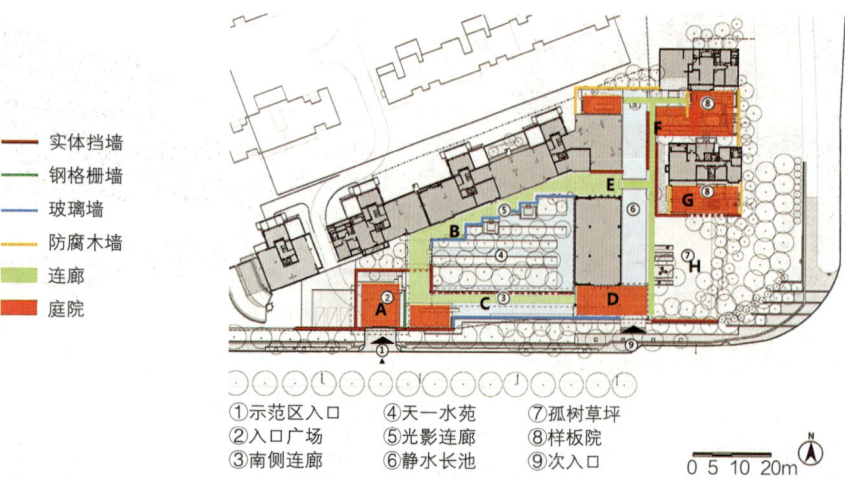

图4-45 宁波玖著里平面图

图4-46 A处玖著里主入口对景

图4-47 A处玖著里主入口东侧钢栅格墙漏景

人行和车行的功能需要。对景景墙、景石、黑松、标识和台阶起到空间的转折和引导作用。院子东侧为透空金属格栅，透过格栅隐约可以看见东侧长廊（图4-46）。

如图4-47所示展示的是玖著里主入口东侧钢栅格墙漏景的景观效果，透过钢栅格墙可以看到东侧的主景区效果，这里的空间处理方式类似古典园林中利用漏窗和门洞渗透空间的手法，很好的丰富了空间的层次感，在狭窄的空间内，增加了空间的丰富度，使游人在进入主景区之前就与主景区的景观产生了互动。

如图4-48所示，从侧面展示了东侧钢栅格墙漏景的效果，可以看出我们现在拥有比古人更多的材料，但对空间的营造仍可以借用古人营造园林的精髓。

从入口处向北转折前行，进入图4-49B处所在的天一水苑。作为核心区域，天一水苑是一个不可进入，只能从四周观赏的空间。类似传统园林中以水为核心，四周为游廊的空间体验，天一水苑以水和林为观赏对象，可俯观倒影，仰观林冠。在周边有6个出水口，分别由宽窄不一的水渠将水引入一个靠近书院建筑的池中，回应"天一生水，六龙献瑞"的概念。

天一水苑北侧住宅建筑底层为未来社区的健身房和活动区域，长廊和庭院之间有一个倾斜的角度。白天南侧的光线透过半透明磨砂玻璃进入长廊；晚上廊子里的光线透过磨砂玻璃进入林溪院。长廊和林溪院之间隔而不断。此处的连廊充分利用玻璃围墙，将连廊与天一水苑景观进行分隔和联系，水是园林的灵魂所在，水是连接人与天空的媒介，由于水的镜面作用，而磨砂玻璃起到了一个很好的空间渗透的作用。设计师巧妙地利用了渗透与层次的设计手法，甚至在这样的廊道中使得空间流动起来，一种流动是指在走廊行走进程中，建筑空间与外部林水空间的交互和渗透；另一种流动是指磨砂玻璃很好地利用了光影的变幻效果，随着时间和季节的变换，营造出一个多变的光影流动效果。

如图4-50所示的是B处廊道观看天一水苑局部的景观效果，从这里向南部望去，整个空间分别被玻璃幕墙、树林、水池、石墙等景观元素进行了分隔和联系，使得空间在狭窄的地段内得到极大丰富，同时也营造了极高的艺术品位。

从入口处向东径直走去，可以转入南侧连廊（图4-51），即图中C处所在的位置。由入口空间转折后进入长廊。廊一侧为U形玻璃围墙，由于

图4-48　侧面展示了东侧钢栅格墙漏景的效果

图4-49　天一水苑实景图

图4-50　B处廊道观看天一水苑局部的景观效果

材质的特殊性,在一天的不同时间光影变幻丰富。另外一侧为片段石墙,类似石墙漏窗,行走其中,视线可不时穿透到中央林水院,不断增加空间的渗透和层次,虽然这里原本是一处比较安静的、相对静止的空间,但仍与天一水苑产生了一定的互动和交感。

如图4-52所示的是C处廊道开始端头的景观效果,有一处水池、一棵乔木和一片黑砂,利用白墙与周边环境进行了分隔,但仍然融入了周边山林之中,用极简的手段营造空间,形成了现代意味的浓缩山水景观。

过天一水苑后,到达图中E处,可以看到一处短桥连接了一个南北向的长池。书院东西两侧均为水景,建筑仿佛漂浮在水中。和天一水苑不同的是东侧水景更加简单,南北方向空间尺度较大,天光云影徘徊其中,成为东侧核心。这里的水景设计的比较精致,水池的两端分别用树木进行空间分隔,给人一种无尽之意,水池中央被石桥分隔中断,水池两侧紧邻建筑并产生了美妙的倒影,整个水景效果被成倍放大,古典园林中渗透与层次的变化尽在其中(图4-53)。

F处为一号样板间。进入样板间需要经过一处由石墙所围合的过道,过道的端头就是庭院空间。庭院空间相对私密,设计师利用两侧的石墙和狭窄的通道引导游人进入,两侧的石墙增加了庭院空间幽雅深邃的观景感受(图4-54)。

如图4-55所示是F处一号样板间回看静水长池的景观效果,天光云影,静水流深。

G处为二号样板间。二号样板间的内部庭院与一号样板间相类似,简洁的空间处理和围合的空间布局,但有一条狭长的步道通往南部区域。沿着步道即可到达南部草坪区域,这是一处由石板、草坪、孤树所组成的休闲草坪区,与之前的天一水苑不同,这里营造了一处安静、隐喻的场所

图4-51　C处廊道实景图

图4-52　C处廊道开始端头的景观效果

图4-53　E处景桥北看静水长池尽端的对景

（图4-56）。

青海原子城国家级爱国主义教育示范基地纪念园通过多次转折和变化，最终引导游人抵达和平之丘，感受那段激情燃烧的岁月和来之不易的和平（图4-57）。青海原子城国家级爱国主义教育示范基地纪念园位于西海镇镇中心东南，平面上基本为南北长560米、东西长200米的长方形用地，总占地面积约12公顷，建筑占地面积约8400平方米，其中外环境面积约11.16公顷。

如图4-58所示A处为青海原子城国家级爱国主义教育示范基地纪念园的纪念馆。纪念馆设计利用南北高差形成了一种南两层、北一层的台地建筑形式，形体为现代简洁的方台造型，原型取自221长炮轰试验场的掩体建筑，东西两侧采用半掩体护坡，有效减小了建筑整体的体量系数和形成充分的掩体视觉感。这样的布局使得馆北纪念园部分造景空间显得更有余地，纪念馆前面的"拂晓"石景雕塑，是一个大地艺术的石景组合。

纪念馆入口前广场上的"聚"主题雕塑位于广场东南角，高达25米，锈板材质，对于广场空间的意义不言而喻，同样是风景园林师给予基本高度和形体控制，雕塑家在这里发挥了非凡的艺术创造力，雕塑形体语言清晰地表达了凝聚的意向，这种艺术的

第四章　路径引导与造景方法

图4-54　F处一号样板间的对景

图4-55　F处一号样板间回看静水长池的景观效果

图4-56　G处二号样板间实景图

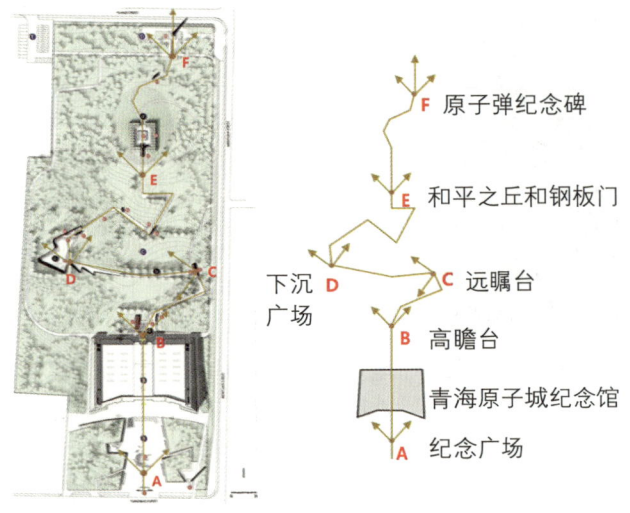

图4-57 青海原子城国家级爱国主义教育示范基地纪念园平面图

图4-59 纪念馆入口前广场上的"聚"主题雕塑

图4-58 A处入口区

图4-60 596纪念园入口处

造型力为空间带来了无穷的灵动气息（图4-59）。

从纪念馆北口出来就是596纪念园，此时青杨林海如画卷般展开，前方"和平之丘"的位置在层林尽染之后有些分辨不清，在一段毛石墙的导引下，第一座钢板门打开了，人们由此面向"和平之丘"进入596之路（图4-60）。

同时在这里可以看到"高瞻远瞩"的雕塑，感慨于毛泽东等伟人们过人的胆识和韬略，于是平台作为语素与钢门和导引墙一起构成了596纪念园的门户景观。门扇和墙体是有逻辑关系的，可以视为一个语素组出现在中轴线东侧或西侧，对应出现平台—入口—门墙，门墙—入口—平台等若干种变化，其中第一种最为简明。因此在入口西侧设计了一片乱石荆棘之境，其上架设一处高出地面的钢板平台，在进入596之路入口前设一蹬曲径攀至高台，站在平台上可以透过叠合的青杨林树干遥望"和平之丘"。

向东北远行，绕过小树林后来到一处空地，这里营造了与"和平之丘"的第二次直接对话，"远瞩"台（图

4-61）。放置了一个经过变形犹如巨型望远镜的锈板方筒，它的设计灵感来自656号观测孔，站在这个艺术装置面前，"和平之丘"完整地出现在视框之中，再次强化游者对目标存在的认知。

设计中以轴线高潮点为圆心对视廊的路径进行了大弧线的处理，使得原本笔直的视廊空间产生微妙的弯曲。这是一处重要的转折路段，扮演了非常关键的承前启后的角色，空间上它是向西进入然后向北向东完成转向式过境，青杨林的围合性使得这个空间同时兼具稳定性特征以及场地高识别性特征（图4-62）。

D处的下沉广场使空间围合度更高、归属感更强，从青杨视廊西端出来后不久便开始采用长坡道（长70米）下沉，意味着游者徐徐缓降进入低点，而且坡道设计有意识采用弧线向北弯曲，导致转折低点距离方圈北面青杨更近，由于必须迅速回到原青杨林的高度，于是产生了空间急升的大坡度（长30米），当然，如果要达到最大的戏剧性效果，还需要另一个关键性条件，即转折点两端

图4-61　C处"远眺"台

图4-62　C处青杨树视廊

图4-63　D处下沉广场

分，最终形成墙面匀称的瓢曲。与毛石墙相对的另一面采用了连续的锈蚀钢板墙形式，钢板墙在平面上则如一条舞动的线（240米长），从而大大加强了空间的表现性，但其顶面是水平的，与原地形标高基本一致，形成一条让空间回归理性的水平线。毛石墙、钢板墙和地面共同形成了有趣的空间联动关系，尽管钢板墙在地平层呈现恒定不变的水平向高度，但由于地面的先降后升并且坡度不一，随着钢板墙侧立面设计上大幅度连续变换墙体的倾角，游者可在行进中获得非线性空间的戏剧性体验（图4-63）。

走出这片青杨林之后在毛石墙和第二座开启的钢板门的导引下，游者开启了与"和平之丘"第三次直接对话的旅程。经过一段Z字形的变奏道路后，即可抵达高潮点——"和平之丘"。其是纪念园全园的重心，山顶部分代表了一个犹如世外桃源般的理想世界，因此在登到山顶平台之前需要设置一个空间，以形成明显的空间转换来预示这将是一个完全不同的世界。与"下沉广场"不同的是，在这个中轴线上，形式必须简洁有力（图4-64）。

在山体中嵌入一个3米宽封闭的钢筒通道，进入通道意味着空间的极度收缩（图4-65），通道中光线开始幽暗，需要行走数米，正前方便出现一道天光洒在逐级抬升的蹬道上，位于顶板的一扇钢板门盖向后翻起形成缺口，人们可以径直登上4米高的平台，空间顿感无限辽阔，犹如从潜艇中走出一般。为了加强戏剧性，专门设计了两条悬索拉住向南深深挑去的门板。山顶平台中央是一个映射无限天空的方形镜面溢流池，周遭围合了可供坐憩的长条石椅，连同钢板门上镂空的和平鸽群飞起的剪影与水池池底由和平鸽组成的世界地图都暗示出这里的设计主题：世界和平，一处可以接天的地方、一处用于冥想的空间。

第四章　路径引导与造景方法

空间互不可视，这就需要借助一种重要的景观语言：墙体，景观空间语言中最为有力和明确的界定方式，其实下沉空间已经对应挡土墙语汇运用的必需，而在这里进行的是最为大胆的设计冒险：非线性连续瓢曲墙体。为了让转折点两端空间不可见，运用一个渐升的毛石墙体作为空间转向的导引界面，这个墙体的东起点从地面层渐渐坡起，至拐弯处达到最高点，然后延至北端与一钢板门结合收尾，长度达百米，两端的墙面是垂直的，渐变到拐点处则产生明显的收

图4-64　E处"和平之丘"

图4-65　3米宽封闭的钢筒通道

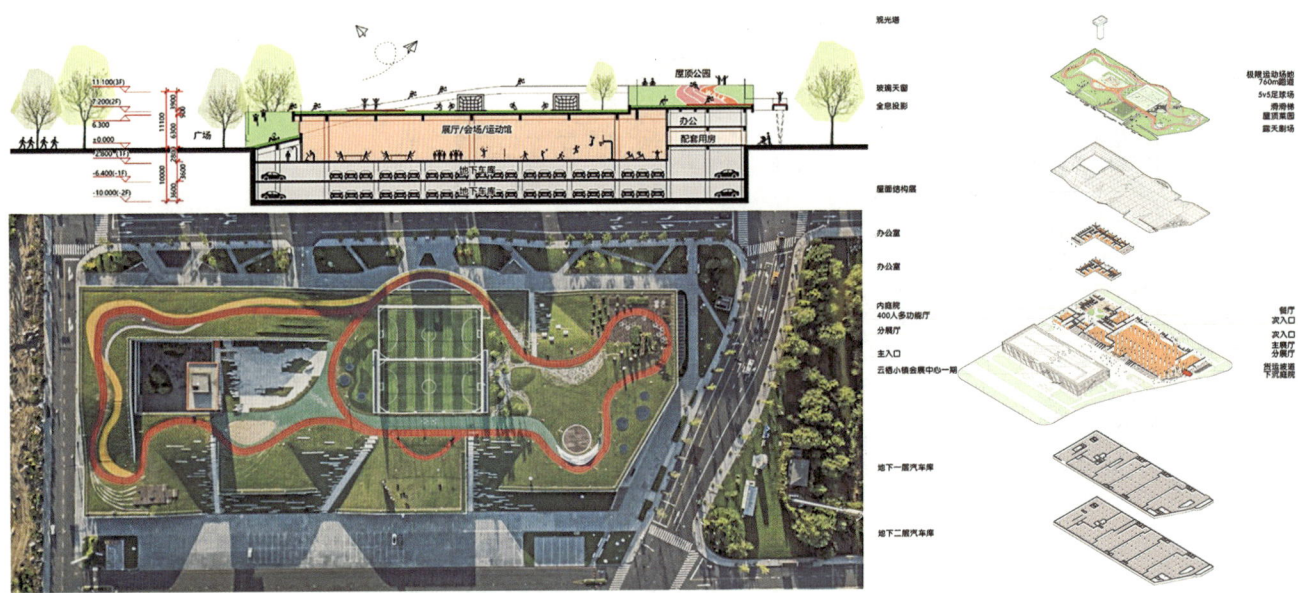

图4-66　杭州云栖小镇会展中心屋顶花园平面图

杭州云栖小镇会展中心屋顶花园是另外一个现代景观设计案例（图4-66）。由于云栖大会规模的扩大，需要在一期建筑对面建一座更大的，三倍于一期建筑的云栖会展中心二期。当所有人都期待一座更大的"标志性"建筑的时候，却把它设计成了一座低矮的"立体公园"，没有任何造型可言，人们甚至感觉不到它是一座建筑。方案一提出就引起了巨大的争议与反对之声，但在它背后却是关于城市大型公共建筑设计范式的一次再思考。今天几乎每个城市都有座规模宏大的会展中心，且每一座背后都需要大量城市资源的支撑，但或许很少有人知道，即便是最"繁忙"的会展中心，利用率也仅有40%，相当于每年至少超过200天都是处于闲置状态，而其他大部分会展中心的利用率甚至不足10%。然而另一方面，传统会展中心设计中的惯性思维与典型特征，又使它们很难他用，无形中存在着巨大的城市资源浪费。所以会展建筑在满足自身功能的基础上，是否可以更贴近寻常百姓的生活？是否可以通过某种方式的复合叠加，与一些其他城市公共设施共用一个身体，从而获得更高的资源利用率？这个案例充分利用了高低与起伏，营造了一个与市民共享的大型公共建筑。

如图4-67所示，其展示了云栖小镇会展中心屋顶花园整体鸟瞰，可以看到该设计通过地形的变化，与周边产生了更多互动和交流，打破了传统的公共建筑的形象，与百姓的联系更加亲密。

图4-67　云栖小镇会展中心屋顶花园整体鸟瞰

图4-68　东立面和屋顶局部鸟瞰

图4-69　从一期架空层看二期屋顶公园

为了营造更加开放的公共建筑形象，设计师首先削弱建筑的体量感，把这座6.6万平方米的巨大建筑压低到仅有6.6米高，呈现为一个低矮的、铺满绿地的大屋面，使它尽可能呈现出平易近人的姿态，让人们愿意去靠近它。建筑周边设置了大量舒缓的草坡，使整个屋面看起来就像是地面的自然延续，以完全开放的姿态邀请人们走上屋面。相比在设计一期时把建筑抬起，把底层还给市民的做法，二期更是把原本被建筑占据的整个场地，全部还给了城市，而且是以一种更加有趣、绿色的"立体公园"的方式（图4-68）。

纵观一期与二期，一个很"轻"，一个很"重"，人们从一座建筑的下方不知不觉就来到了另一座建筑的上方，在同一片场地上形成了一种既和谐又有趣的对话关系（图4-69）。

为了控制屋面高度，以便于人们到达，设计师把9米高展厅的三分之一埋入地下，这使得人们在进入场馆时必须先向下行走，这与以往会展中心那种充满仪式感的向上大台阶形成了强烈反差，同时由于建筑高度的压低导致建筑几乎占满了整个二期用地，无论是建筑密度还是绿地率（即便屋顶铺满绿地，也只能折算总绿化需求量的20%），突破了现有的设计规范，使这个方案再次受到巨大争议，数次被要求推翻重做。但幸好，杭州是一个开放包容的城市，它愿意接受想象力，愿意倾听建筑师的想法，更愿意为社会创造更多福利，在各方共同协调努力下，这个数次被判"死刑"的方案以合理合规的方式，最终通过了各项审批。人们通过草坡可以很轻松地走上屋顶，草坡本身也会吸引很多人休憩、停留（图4-70）。

从24米高空俯瞰云栖小镇，远方是起伏的山峦，近处是"天大地大，自由生长"的大屋顶，所谓希望归根到底是自由与开放，而所谓幻灭只是与之相伴的些许遗憾。终于，人与灯塔相看两不厌,灯塔也不再只有符号意义上的指引性,它的身后有一份温情的召唤,作为制高点,在看与被看之间,灯塔实现了其自身的场所意义。将建筑体量潜入地面之后,再利用绵延起伏的缓坡把外围广场、道路与屋面相连接。一条条舒缓的游步道从屋顶公园生长出来,如触角般自然延伸。红色的跑道代表着运动,绿色的草地代表着生机,整体形态自然舒展(图4-71)。

屋顶不仅是公园,设计还植入了足球场、沙坑、瞭望塔、草坪剧场、轮滑台、社区菜园、移动木屋、"跳格子"等十余种有趣的设施,并通过一条760米长蜿蜒起伏的屋顶跑道把它们串联起来(图4-72)。这些看似与会展建筑毫无关系的设计,却吸引了许多顶尖的大会"慕名而来",而平时,这里每天都会吸引大量市民来此运动、休憩、游玩,还会举办小镇音乐会、足球赛、马拉松、嘉年华等各种有趣的社区活动,这里已经成了小镇居民每日生活的必去之处。草坪下方还设置了大量的预留接口,人们只要有新的更有趣的想法,就可以像玩"乐高玩具"一样扒开草坪插接上去,使这座建筑与在这里发生的活动都能够自由生长,希望这座建筑的设计永远不会限制人们的想象力。

这里举办了杭州"2050大会",以"年轻人因科技而团聚"为目标,把全球两万多名年轻人汇聚在这里,热带雨林、自由生长,开着会、看着展、踢着球、跑着步、唱着歌、跳着舞、飞着纸飞机,一系列有趣场景有节律地组织在一起,共存于同一建筑的表里。想象力给了建筑无限的生长空间,赋予使用者回归童心一般的自由体验(图4-73)。

瞭望塔是建于航道关键部位的塔状发光体,因其具有引导船舶航行和指示危险区的功能,在文学作品中常被赋予与希望相关的隐喻(图

图4-70 展厅入口下沉草坪及草坡

图4-71 屋顶公园游步道

图4-72 跑道串联各项休闲设施

4-74)。

屋顶公园一直覆盖至主入口的下沉广场(图4-75),结合半围合的阶梯,使这里可以变成一个全天候的户外小剧场。角落里原本乏味的货运坡道被设计成了起伏的"折纸状",常常会被人们赋予各种新的"玩法",成为年轻人的轮滑台,也会变成孩子们的"滑滑梯"。

建筑室内不再是单一枯燥的展厅,通过将空间与功能进行复合叠加,赋予了展厅新的属性——"运动仓库"(图4-76)。只要不开会的时候,展厅立刻就会转变成篮球、羽毛球、乒乓球、健身等一系列运动的场所,并配备了更衣

图4-73 实景效果图

图4-74 瞭望塔与沙坑

图4-75 入口下沉广场与轮滑广场

图4-76 "运动仓库"实景图

第四章 路径引导与造景方法

淋浴与专业机电设施，使这里每天都会热闹非凡，甚至供不应求。这是一次别出心裁的尝试，同样的场地，同样的建筑体量，答案却不仅是会展中心，还是小镇的第一座市民公园和运动馆，更为小镇注入了全新的活力与无限可能性。回看整个设计，没有吸引眼球的外形，也没有复杂昂贵的工艺，更没有晦涩难懂的理念，只是因为融入了开放性、复合性与公民性设计，使它成了小镇最受欢迎的地方，建筑背后的巨大城市资源也得以发挥出更大的公共价值。

该案例利用高低与起伏的变化营造了一处亲民的公共建筑形象，也给我们一个很好的启示，古典园林设计的精髓仍然可以在现代景观设计中发挥其应用的作用。

本章思考题

1. 请简要概括路径引导的四个阶段。
2. 请简要概括说明路径引导的两个类型。
3. 举例说明现代园林的综合路径引导的序列变化。
4. 请简要概括渗透与层次的主要作用和设计方法。
5. 请简要概括引导与暗示的主要作用和设计方法。
6. 请简要概括高低与起伏的主要作用和设计方法。

第五章 造景要素

PPT 课件

园林景观的构景要素有建筑、山石、水系、植物、铺地。

水是园林中的重要组成要素，是园林的灵魂，水体可以简单地划分为静水和动水两种类型。静水包括湖、池、塘等形式；动水主要有河、溪、喷泉等。另外，水声、倒影也是园林水景的重要组成部分。

园林水体具有调节空气湿度的作用，可以溶解有害气体，大型水面还可以进行水上游玩项目的设计，园林的水面也是许多水生植物的生长领域，因此可以在水体上增加绿化面积。合理的水体设计能够增加园林的美色，增加园林景观的观赏价值。

植物是园林中有生命的构成要素。植物要素包括乔木、灌木、攀缘植物、花卉、草坪等。植物的四季景观、本身的形态、色彩、芳香等都是园林造景的题材。园林植物与地形、水体、建筑、山石等有机配置，可以形成优美的环境。自然界是动物与植物共生共荣构成的生物生态景观，在条件允许的情况下，动物景观的规划，如观鱼游、听鸟鸣等可以为园林景观增色。

园林建筑是不可或缺的部分，它往往成为园林景观的焦点，具有使用和观赏的双重作用。根据园林的立意、功能、造景等需要，必须考虑建筑之间适当组合，包括考虑建筑的体量、造型、色彩以及与其配合的假山艺术，雕塑艺术等要素的安排，并要求精心构思，使园林中的建筑起到画龙点睛的作用。现代园林的建筑形态更为简洁和动态，功能更为综合，材料更为多样。

古典园林的山石运用分为应用类型、建筑庭院的山石以及山水庭院的山石三部分内容，现代园林景观中除了对山石的直接应用外，还常常采用地形为设计灵感创造变化有趣的景观形象，也会以土为材料塑造几何形体，表皮置以草坪和铺装材料从而形成地形雕塑，或者通过现代材料表达山的观赏情趣和意境。

古典园林的水景营造，从曲折生美、水贵有源、集中用水、聚分用水、分散用水、带状用水、水面划分、池岸处理这八个方面学习古典园林中水的应用特点。现代园林的水景营造，应借鉴古典园林水系营造方法呈现出水系的传承。借助技术呈现出水的多样化、神秘性和亲水性。

根据不同主题的环境，古典园林会采用不同的纹样和材料进行地面铺装，铺地图案多以传统题材或民间喜闻乐见的形象为主题。分为庭院铺地、道路铺地和主题铺地。现代园林景观的铺地在传承古典园林的基础上呈现出三大特点，分别是材料更为丰富、功能更为全面、方法更为多样。

第一节 建筑

一、古典园林的建筑风格

古典园林建筑具有使用和观赏的双重作用。建筑无论多寡，也无论其性质、功能如何，都力求与山、水、花木这三个造景要素有机地组织在一系列的风景画面中，彼此协调。这在很大程度上是因为建筑的结构是木框架（图5-1），使得内墙可有可无，空间可实可虚、可隔可透。下面具体阐述中国古典园林的建筑特色。

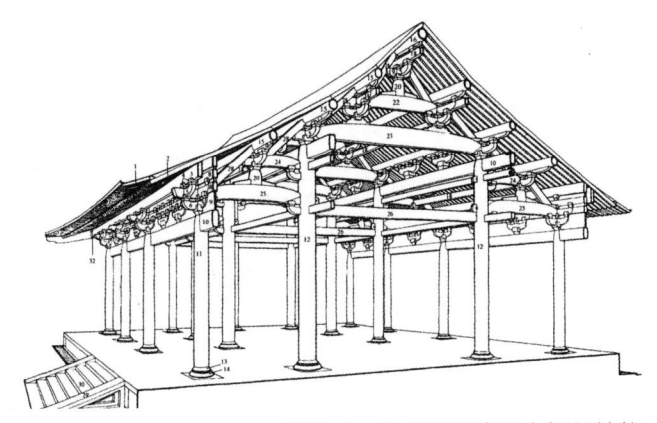

图5-1 古典园林建筑木框架结构

图5-2 中国古典园林中的"流动空间"

（a）平地建筑　　　　　　　（b）水边建筑　　　　　　　（c）山上建筑

图5-3 中国古典园林中不同位置的建筑

（1）**空间通透性**。在空间分隔之后又使之有适当的连通，使人的视线从一个空间穿透至另一个空间，从而使两个空间互相渗透，使建筑物的小空间与自然界的大空间沟通起来形成"流动空间"（图5-2）。

江南园林，特别是苏州一带的私家园林的建筑上常设置大量门洞、窗口，而使建筑内部和庭院中被分隔的空间互相连通、渗透，被分隔的空间本来处于静止的状态，但一经连通之后，随着相互之间的渗透，似各自都延伸到对方中去，打破了原先的静止状态而产生一种流动的感觉。

（2）**布局随机性**。建筑的位置不受地形地貌的影响，建筑与自然相互嵌合。可在山顶、山腰、山脚，也可在水边、水中和平地，把传统建筑的化整为零、由个体组合为建筑群体的可变性发挥到极致，完全自由随宜、因山就水、高低错落。可以说中国古典园林的建筑位置是出于造景的需要而考虑的（图5-3）。

（3）**色彩协调性**。江南私家园林建筑色彩淡雅，以粉墙、灰瓦、栗柱为特色，白、灰两色建筑掩映在"桃红柳绿"的大自然景色之中，体现自然之趣，这种颜色与周围颜色和谐地统一在一起，从而使人有一种"安静闲适"的感觉。

（4）**类型多样性**。园林建筑主要分为厅、堂、轩、馆、楼、阁、亭、廊、榭（表5-1）。

表5-1　园林建筑的类型与特征

1	厅、堂	园林中的厅、堂过去是园主进行各种娱乐活动的主要场所。平面常作方形，屋顶作歇山式
	轩、馆	轩、馆也属厅堂类型，但有时属于次要地位的主体建筑或作为观赏性的小建筑 平面常作方形，屋顶作歇山式
2	楼	一般两层厅堂称为楼，位置多设于园的四周；平面常作方形，屋顶作歇山式 作为重要对景，位置鲜明突出；作为配景，则位于隐蔽处
	阁	一般两层亭称为阁，造型轻盈，见于山上或水边，山上一般两层，水边一般一层 平面常作方形或者多边形，屋顶作歇山式或攒尖顶
3	亭	亭为休憩、凭眺之处，分为半亭和独立亭。半亭多与走廊相联系，依墙而建。独立亭常建于池侧、山巅或者花丛中 亭的平面有方、长方、六角、八角、圆形、扇形等，屋顶作歇山式或攒尖顶
4	廊	联系建筑物的脉络，是风景的导游线，分隔空间并使其两侧的景物互相渗透 廊任意角度转折，任意环境设置，按空间分双面空廊、单面空廊、复廊等
5	榭	榭置于池畔，建筑基部一半在水中，一半在池岸，跨水部分常做成石梁柱结构，临水面开敞，设有栏杆。平面常作方形，屋顶多为歇山式

古典园林的建筑看似多样，但是我们要从中找寻规律就会发现古典园林建筑在形态上的共性，把建筑屋顶的样式标注出来，发现古典园林建筑屋顶常作两种：歇山式或攒尖顶。再把建筑平面形态标注出来，发现建筑平面常作方形，此外有多边形、六角形、八角形、圆形、扇形。通过一些图片直观了解建筑形态（图5-4~图5-6），方形歇山亭，平面为方形，屋顶歇山式。方形硬山馆，平面为方形，屋顶硬山式。方形歇山厅堂，厅堂建筑体量较大，平面为方形，屋顶歇山式。圆形攒尖亭，平面为圆形，屋顶攒尖式。八边形重檐攒尖亭，平面为八边形，屋顶攒尖式且重檐结构。方形歇山楼，两层建筑，平面为方形，屋顶歇山式。八边形攒尖阁、两层建筑，平面为八边形，屋顶攒尖式。

二、现代园林的建筑风格

因为材料建造技术的进步，人们的审美和功能需求以及服务对象由少数人变为广大人民，而风景园林建筑在继承古典建筑因地制宜、空间通透、布局随机等特色的基础上，在形态、功能和材料方面都发生了很大变化，形态更为简洁和动态，功能更为综合，材料更为多样。现代园林建筑是以新材料、新结构、新形式为核心的建筑，设计者通过结合当地风情，摆脱以前建筑样式的束缚，发展新的建筑美学。现代园林建筑既满足了各种活动的使用要求，又具有观赏价值和文化价值，还富有诗情画意。采用的色彩以轻快明朗为主，充分表现了园林建筑轻松活泼的特点，以现代元素表达简约风格和合理空间，注重材料、颜色等形式语言，传达浓厚的文化艺术气息。

三、案例解析

1. 渔乡茶舍

渔乡茶舍位于浙江建德，承载着接待和休闲的功能。"渔乡茶舍"这个名字，顾名思义，便是在有山有水、烟雨朦胧的渔村水乡中，营造一个喝茶的地方（图5-7）。茶室一类的功能性建筑也似台榭轩亭一般，选在背山面水一类有景可观的地段，朝向观景的最佳方向。

基地位于一个山坳，直面江水，风景界面最大化和体量融于环境是建筑设计的两大特色。设计利用地形高差，

（a）方形歇山亭

（b）方形硬山馆

（c）圆形攒尖亭

（d）八边形重檐攒尖亭

图5-4 中国古典园林建筑形态（1）

（a）方形歇山楼

（b）方形歇山厅堂

（c）八边形攒尖阁

图5-5 中国古典园林建筑形态（2）

（a）半亭

（b）单面空廊

（c）双面空廊

图5-6 中国古典园林建筑形态（3）

通过主次两栋贴合地形延展的退台建筑来实现（图5-8）。方案没有追求一个焦点式的视觉形象，而是以消解体量的片层形式呈现形成退台建筑，逐层叠退，藏匿于自然。不仅视觉上弱化建筑体量，同时产生了大量的一线江景露台。并且以巧妙的动线设计将游山、观山的情趣引入了建筑的室内空间（图5-9~图5-11）。

河边的杉树与坡上的樟树，分别作为入口提示，坡下围绕杉树做了圆形的院子。入口处通过片墙延伸，将空间

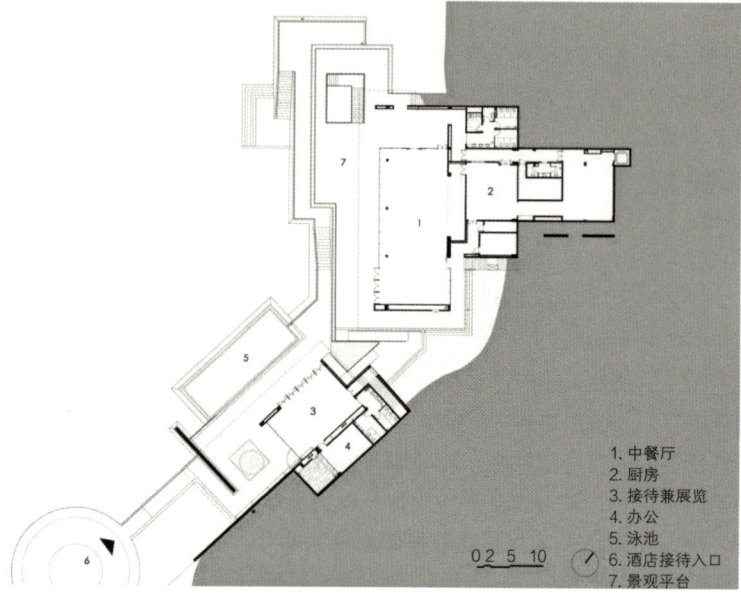

1. 中餐厅
2. 厨房
3. 接待兼展览
4. 办公
5. 泳池
6. 酒店接待入口
7. 景观平台

图5-7 渔乡茶舍平面及效果图

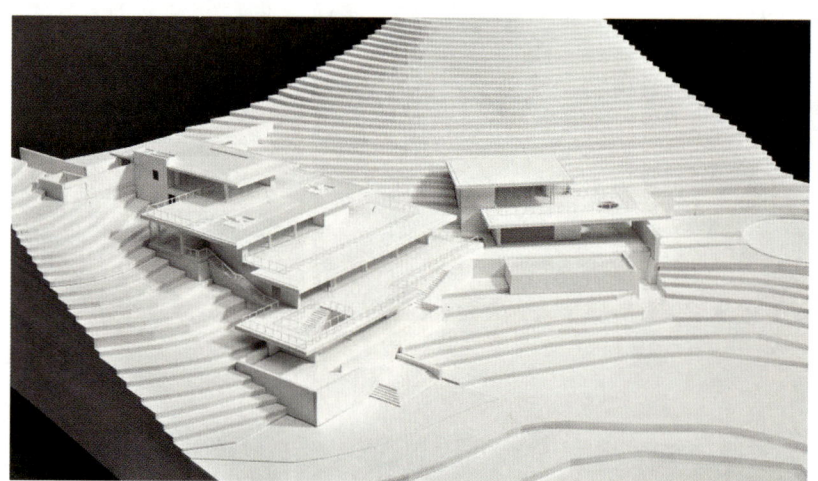

图5-8 渔乡茶舍基地及建筑模型

图5-9 渔乡茶舍高差处理

图5-10 渔乡茶舍内外关系处理

图5-11 渔乡茶舍内外视线处理

蔓延至周边,模糊了建筑与自然的边界。入口空间的圆形天井,透过入口屋顶处的圆形洞口可瞥见山林。沿着毛石砌筑护坡拾级而上,建筑体量隐藏在山坳中,沿江面展现的是数层宽阔的观景平台,几经转折,视线在江面与临山楼梯间转换,空间时而开阔,时而幽狭。顶层景观平台,与水天相接,通透的室内空间展现了江景与山景。混凝土的建筑体量外贴木模板饰面,隐藏在山坳中。木模板特有的纹理又赋予了混凝土材料特殊的尺度和质感,能够弥补单一材料在趣味性上的缺失。

渔乡茶舍通过对地形的借用、对体量的消解、对材料的再思考、对简洁方法的运用,使得传统与现代、厚重与轻盈、消解与挺拔这几对相互对立的词汇在同一个建筑中呈现,让建筑与环境的关系呈现出一种耐人寻味的亲密关系。

2. 风之亭

苏州国际设计周最主要的一个公共活动空间场所——风之亭,它承担设计周期间的信息发布、文化沙龙等公共功能,重在处理结构、形式与空间的塑造,以及参观者体验之间的关联性(图5-12)。

风之亭位于传统街区,设计灵感来自江南民居聚落中连绵起伏的屋顶。将传统民居中的屋顶解构为多个平面,并在空中的不同高度上重新组合,使之形成一个由一组漂浮的屋顶所限定的自由空间和文化地标,也是设计周期中各种公共事件的空间载体(图5-13~图5-15)。其以四根柱子形成一片屋顶,每一根柱子上长出来的枝杈又可以和别的柱子再形成一片屋顶……就像一个自由生长的聚落。把阳光板剪裁成六边形,像瓦片一样层层叠加并平铺在方格屋架上方,在提供明亮日光的同时,透明材料重叠而产生的纹理也与苏州的地域文化符号找到了关联。咖啡区采用了彩色塑料帘作为立面悬挂,加强空间围合感,入口和互动区使用了桃红色的弹力线帘,呼应了设计周的主视觉色系,也给成年人和孩子提供了可以玩耍、互动的趣味场所。

将传统建筑的基本元素通过一种当代的、艺术化的设计手法来抽象、重组、再构,引发我们思考"传统与未来"连接的可能性。风之亭三面临水,轻质的线帘最能感知风的存在,与网师园的"月到风来亭"有异曲同工之处。

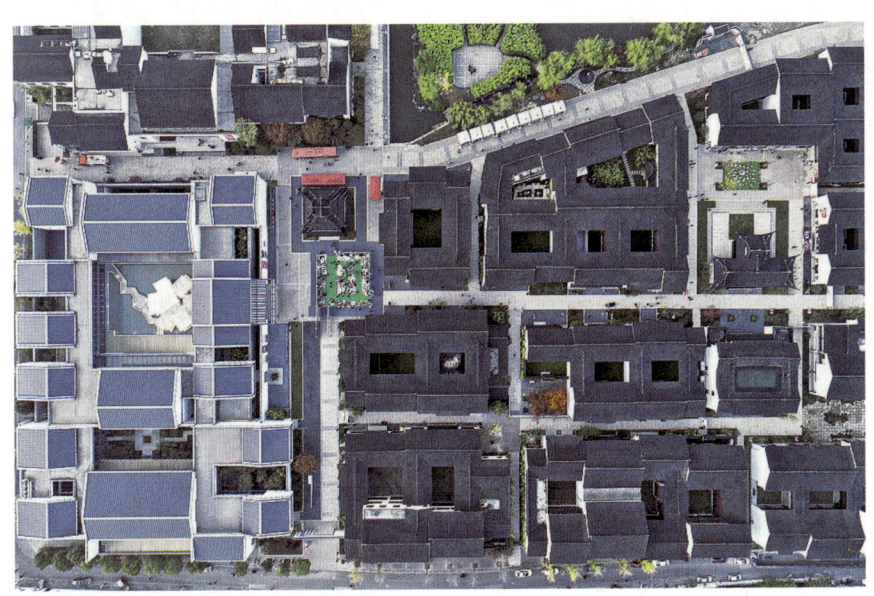

图5-12 风之亭平面位置图

图5-13 风之亭鸟瞰图

图5-14 风之亭内部效果图

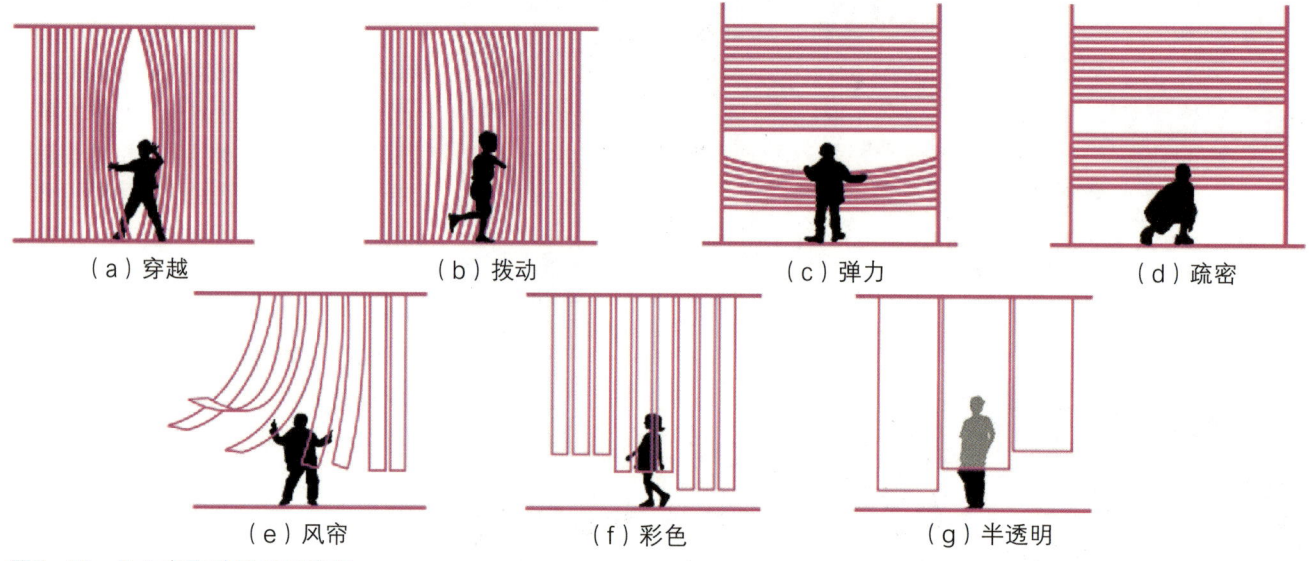

图5-15 风之亭互动展示示意图

第二节 山石

一、古典园林的山石造景

古典园林的山石运用分为应用类型的山石、建筑庭院的山石以及山水庭院的山石三部分内容。

1. 应用类型

山石应用类型一是筑山，即堆筑假山，包括土山、土石山、石山。

土山是不用石而全部堆土的假山。

土石山根据形态需求确定土石比例，分为土多石少的假山和石多土少的假山。土多石少的假山如沧浪亭一般，沿山脚叠石高约一米，再于盘纡曲折的蹬道两侧累石如堤状以固土。拙政园绣绮亭及池中二山也属于土多石少的假山，但是假山体形越小，用石比例就会越小，山形也就越自然。石多土少的假山（图5-16）数量是居第一位的，其结构可分为三种：第一种，山的四周与内部洞窟全部用石构成，而洞窟很多，山顶的土层比较薄，狮子林假山是

（a）狮子林假山

（b）怡园假山

（c）留园假山

图5-16 石多土少的假山

这一类的典型。第二种，石壁与洞虽用石，但洞较少，山顶和山后的土层也较厚，如艺圃、怡园等皆如此。第三种，四周及山顶全部用石，但下部无洞，成为整个石包土，可以留园中部池北的假山为代表。

石山是全部用石堆砌的假山。石山体形都比较小，有的石山为下洞上亭，或下洞上台，或如屏如峰，位于庭院内、走廊旁，或依墙而建兼作为登楼的蹬道（图5-17）。

石山和土石山，往往以山石形成洞壑。不仅从平面上看极尽迂迴曲折之能事，而且从高程上看还力求参差错落。这样便可以时而登临于峰峦之巅，时而沉落于幽谷之底。忽明忽暗、忽开忽合、忽上忽下、纵横交错、贯通穿插、变化无穷。自下往上看层峦叠嶂，自上往下看沟壑盘迴，使人身临其境（图5-18、图5-19）。

堆叠假山我们首先要确定山水之间的布置关系，做到山水相依，山水相连。其次，要做到主次分明，相互呼应。再次，要注意层次变化，脉络贯通。在平面上应有曲折、疏密和虚实的变化，形成开合收放、大小迥异的景观空间。最后，假山堆叠时还要注意石材不可混杂，山石纹理不可乱，石块大小不能均匀，缝隙不可太多，石材最好就地取材以体现地方特色，力求自然朴素。

山石应用类型二是园林中除用山石叠山外，还可将姿态秀丽、奇特或古拙的单块山石或峰石放在室外立

图5-17 石山

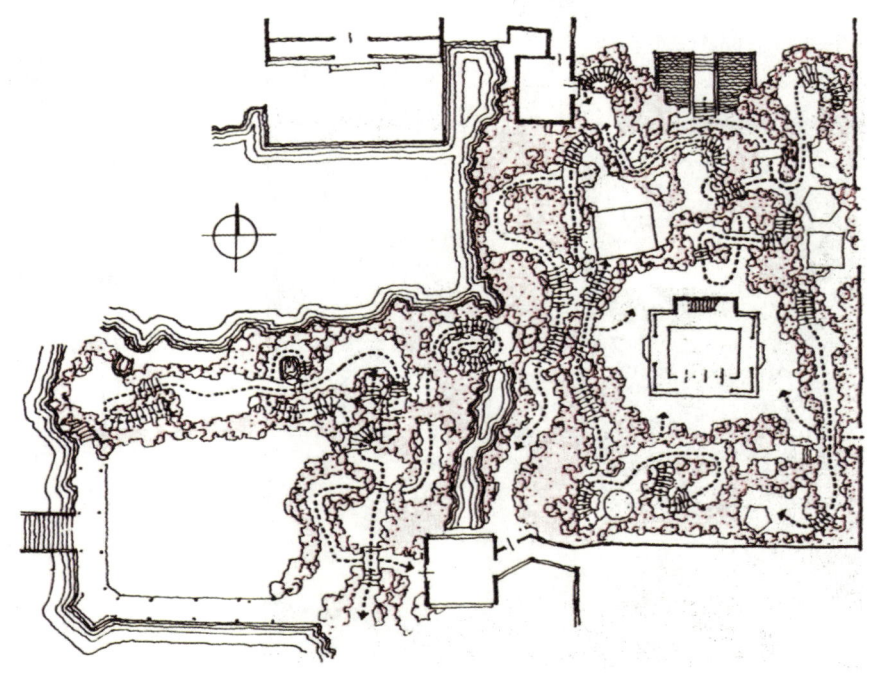
图5-18 平面图中迂迴曲折的石山

置，以便于观赏，称为置石。置石常置于园中作为局部构图中心或作小景，进行对景、主景、点景之用。可设基座，也可半埋于土中以显露自然。江南盛产太湖石，以北宋赏石大家米芾提出的"瘦、漏、皱、透"为审美理论标准，苏州留园的冠云峰（图5-20）、上海豫园的玉玲珑、杭州西湖的绉云峰和苏州第十中学的瑞云峰是著名的江南四大名石。

利用山石作为界面，形成园林空间，这属于山石应用的第三个类型。常采用部分山石为界面，部分建筑为界面，共同围合庭园。杭州黄龙洞，主要庭园空间位于寺庙的一侧，平面近似于直角三角形，两个直角边系以建筑为界面。斜边则以极陡峻的山石为界面共同围合成空间。山上修竹苍翠，花木葱茏，极富自然情趣（图5-21）。南京瞻园，位于市井之内，无天然地形可资利用。它的后部庭园空间一半（东、南）以建筑为界面，另一半（西、北）则以人工堆叠的山石为界面共同围合而成。由于综合运用两种不同的要素为界面，从而使所形成的空间既富人工美，又不乏自然情趣（图5-22）。

园林设计中，山石应用还有许多类型，如花台、驳岸、挡土墙、抱角镶隅、如意踏跺、门前蹲配、室内外自

图5-19　石山中参差错落的洞壑

图5-20　留园冠云峰

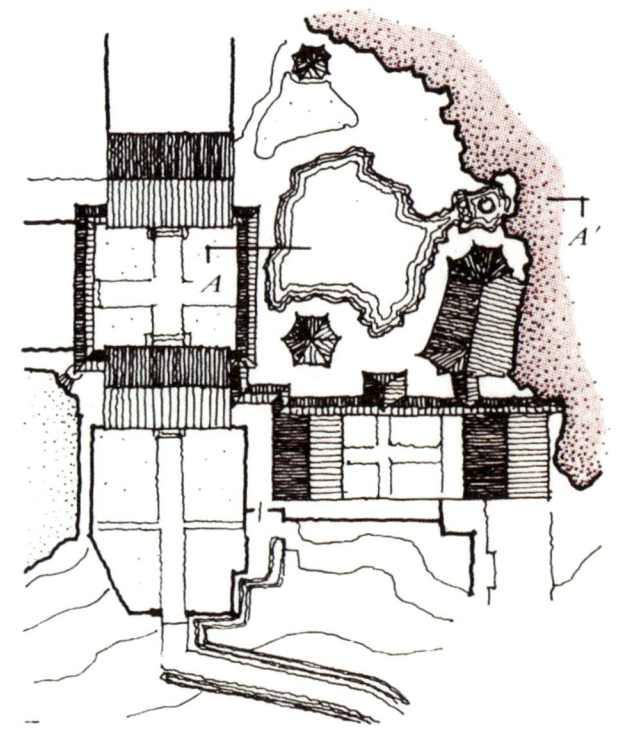

图5-21　杭州黄龙洞平面图

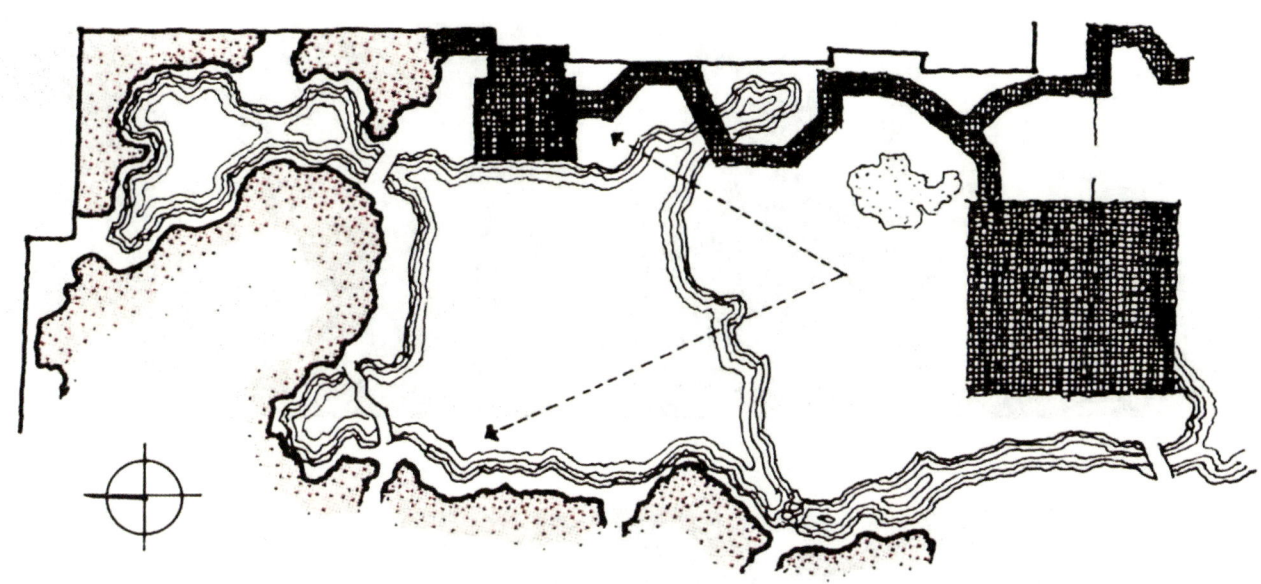

图5-22 南京瞻园平面图

然式的陈设等。花台采用"攒三聚五""散漫理之"的布置形式,布局要求将大小不等的山石零星布置,有散有聚、有立有卧,主次分明、顾盼呼应,从而使之成为一个有机整体,看起来不会零乱散漫,也不会有整齐划一的呆板感觉。其通常布置在廊间、粉墙前、山脚、山坡、水畔等处(图5-23)。

以石做成驳岸可加固岸基,尤为重要的是可以利用山石自然形态的变化而呈各种犬牙交错的形式,以求曲折,这样,在水与陆之间就似乎有了一种过渡,而不致产生突然、生硬的感觉。驳岸的曲折要自然,石块的大小和形状应搭配巧妙:要大小相间、疏密有致,并具有不规则的节奏感。在水池与园墙之间巧妙地以山石作为过渡,不仅增加了曲折性和自然情趣,还丰富了空间层次变化。山与水之间的驳岸处理巧妙自然,从而使山水相依,互为衬托,各具不同意境(图5-24)。

2. 建筑庭院

在建筑的前后庭院这种有限的小空间内应用山石,常采取四种方式:依墙构石壁、庭院花台、累石为山、沿小池点缀。

(1)依墙构石壁,再辅以花木(海棠、迎春、松柏、古梅、美朱),从而形成优美画面,留园华步小筑庭院院墙上点缀山石天竹蔓萝,恰似一幅图画(图5-25)。

(2)庭院花台(图5-26)不宜高高竖起三峰,应选择玲珑石块,以山石本身的优美体型、外轮廓线以及虚实、纹理的变化而取胜。位置安排注意:

主次分明,疏落有致。

不要排列成一条直线,主峰忌居中。

上大下小,似有飞舞势。

图5-23 花台布置

图5-24 驳岸处理

图5-25　石壁

图5-26　庭院花台

（3）累石为山，创造咫尺山林的气氛，但容易造成拥堵感，很少被采用，只在相邻空间比较开敞的情况下偶尔为之，五峰仙馆的前院峰峦嶙峋、沟壑纵横、脉络分明，深得山林野趣，而无凌乱局促之感（图5-27）。

（4）沿小池点缀少数湖石和植物，湖石安排大小相间、疏密有致，显现水池意境（图5-28）。

3. 山水庭院

山水庭院中山石应用分为以下几种情况：

（1）以山为主，水为辅，凸显山。沧浪亭以大规模的堆山叠石为空间的主景，以突出山林野趣，山水比例为4∶1。山上石径盘旋，古树葱茏，箬竹被覆，朴素自然。水面小且作深水处理，以突出山的高大（图5-29）。

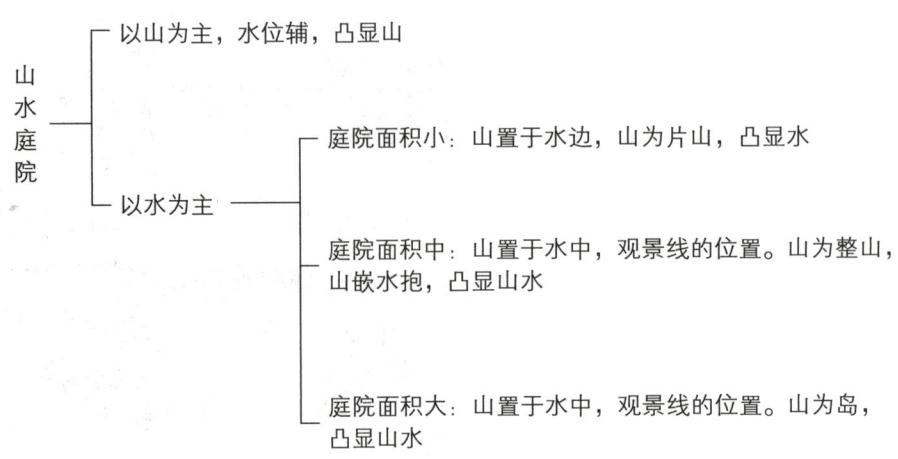

图5-27 五峰仙馆山石布局

图5-28 五峰仙馆水池布景

图5-29 沧浪亭平面布局

图5-30 网师园

（2）以水面为主，庭院面积较小时，山置于水边，并且山为片山，凸显水。如网师园面积比例为水：山=5:1，山有两处，分别置于水边，以单山体为主，视线面向水体（图5-30）。

（3）庭院面积仍然较小，但是水的形态不是面状水而是采取线性水为主的形式，如拙政园西园和环秀山庄，这时山置于水曲折之处，观景线的位置。山划分空间，凸显山水形貌（图5-31）。苏州环秀山庄，取得小中见大的秘诀便是山以动势取胜，峡谷近而仰视；林木层层覆盖，水面宽而回环。俯可见山影云影；平可视曲水无尽；仰可望峰峦洞穴。同时巧用对比反衬的方法，可以在任何局限的小空间里，纳时空之一角，现无限之风光。

（4）以水为主，山水庭院面积中等，如怡园，这时采用山置于水边，并且山为整山，形成山嵌水抱的态势，凸显山水，主要观景视线是前水后山（图5-32）。

（5）以水为主，山水庭院面积较大时，为避免空旷单调一览无余，可借助山石形成岛屿，并常在岛屿山顶做观景和点景的建筑，把单一面积较大的水面空间分割成若干个小空间，同时被分割的空间相互渗透、连绵。拙政园中部水池面积较大，其就是通过水中两座不同体量的岛屿分隔

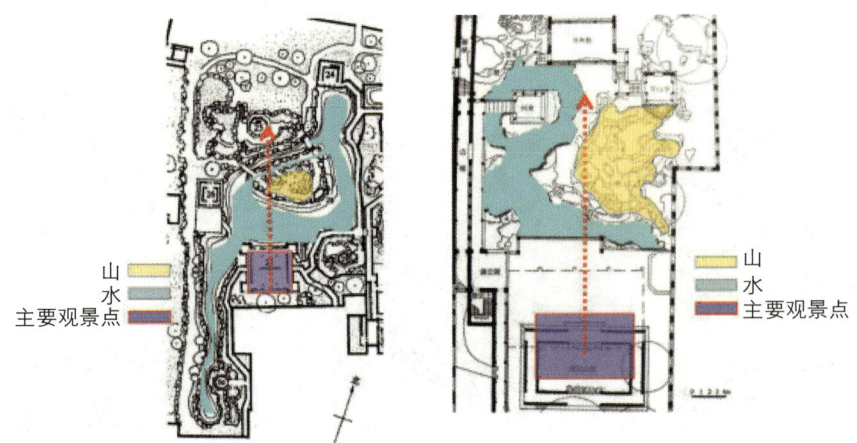

图5-31 拙政园西园和环秀山庄平面布局

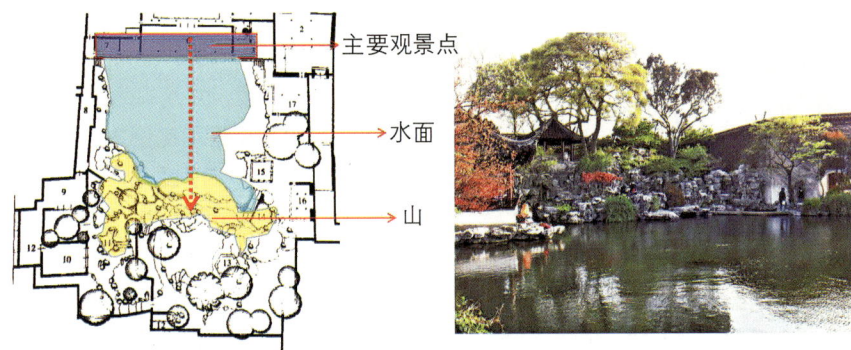

图5-32 怡园

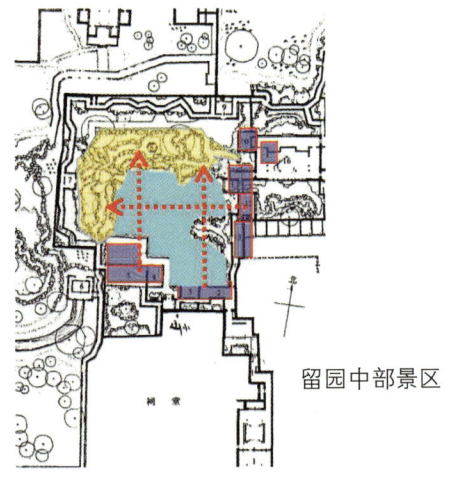

图5-33 留园与环秀山庄平面布局

建筑宜采用长方形平面。高峻的山，与其在山顶建亭，不如位置略低，依主峰为背景。山上植树应考虑树的位置、疏密、姿态、成长速度等，才能发挥较好的陪衬作用。一般平坦的山形以种植枝条疏畅的落叶树为宜，但不可太密。较大的冈岭应以常绿树与落叶树相配合，间距可稍密。峭崖绝谷上与其植高大的落叶树，不如易以枝干盘曲的松树，斜出崖外，再配以少数成长较慢而姿态较好的花木，使古拙与秀丽相结合，比较恰当（图5-34）。慎种高大落叶树，苏州假山高度多4米左右，而高大落叶树高度多为10米，若种植较多落叶树往往会有上重下轻的缺点。

二、现代园林的山石造景

现代园林景观中除了对山石的直接应用外，还常采用地形为设计灵感创造变化有趣的景观形象。也会以土为材料塑造几何形体，表皮置以草坪和铺装材料从而形成地形雕塑。或者通过现代材料表达山的观赏情趣和意境。石景作为园林中的要素，人们关于石材的运用也越来越淋漓尽致，石材的纹理、轮廓、造型、色彩、意蕴都成为石景设计时要考虑的因素，并结合现代美学中点、线、面的构图原理来营造现代园林景观。由于其自身造型独特、形式优美、姿态多变的特点，往往容易成为整个场地空间的视觉焦点，被赋予更多的文化内涵，可以起到"点题"的作用。

三、案例解析

作品《山》位于安徽省六安市裕安区茶谷景区入口处，为茶谷景区的标志性雕塑（图5-35、图5-36）。在茶谷景区的入口处采用山为入口形象，是因为山是中国文化的发源地，中国茶的产生地。项目总占地面积1.3万平方米。采用现场组装吊装的

水面的大小空间。

无论以山为主的庭院（如环秀山庄）还是以水为主的庭院（如留园），通常在水池的一面叠山造林，而在另一面错置厅堂亭榭，无论从山林越过清澈的池水遥望高低错落的建筑，或自房屋欣赏对岸的山崖树木，都是重要的对景，而房屋与山林遥相掩映，又起到良好的对比作用（图5-33）。

山上忌建高大的亭与楼阁，建筑应与山形相配合，小山扁而平，故山上的

图5-34　山石与建筑、植物

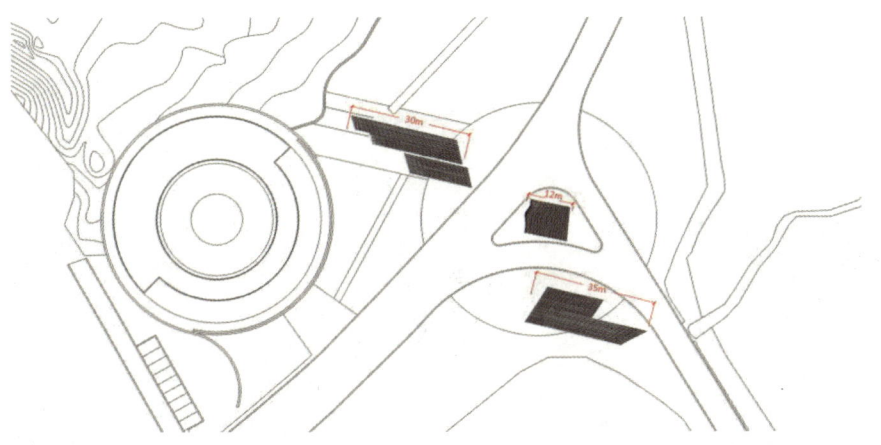

图5-35　茶谷景区的标志性雕塑《山》平面图

图5-36　"山"元素运用

图5-37　耐候钢板锻制焊接材质

方式，由耐候钢板锻制焊接而成（图5-37）。

雕塑创建了一个时间与空间的交叉点，在这个交叉点上是文人精神的寄托——人在山水之间感受天地万物与内心合为一体（图5-38）。雕塑高20米，最长跨度约35米，以宋元山水为蓝本，用数字化技术进行二维到三维的转换，从线到体，层层叠加的耐候钢板，塑造出宋元山水画的韵味和意境（图5-39）。

人在雕塑中穿行时，不断变化的造型、波动的线条与光影纵横交错，能够获得"可行、可望、可游、可居"的丰富体验。

现代园林景观中还常采用地形为设计灵感创造变化有趣的景观形象。安吉桃花源鲸奇谷用地基本处在一群山脉的谷地，总体功能定位在儿童的户外教育与游憩（图5-40）。

安吉桃花源鲸奇谷顺应地形，以地形为设计灵感，将山的形式做简化抽象处理，依旧保有主宾之分，增强人的互动体验感，创造木板组合的六边形双重空间（图5-41），错落观景平台（图5-42），还有纵横交错、贯通穿插的洞穴（图5-43），顺应地势设计有滑梯（图5-44），场地处在与道路标高11米左右高差的谷地，既给滑梯创造了机会，也给到达制造了难题。虽然受限于坡地的陡度和安全长度，但是通过在模型里反复模拟其安全性，使得高处的坡度控制在30%左右，中间用弯道减速，下段可以适当加速，坡度在38%左右，

图5-38 雕塑内部空间

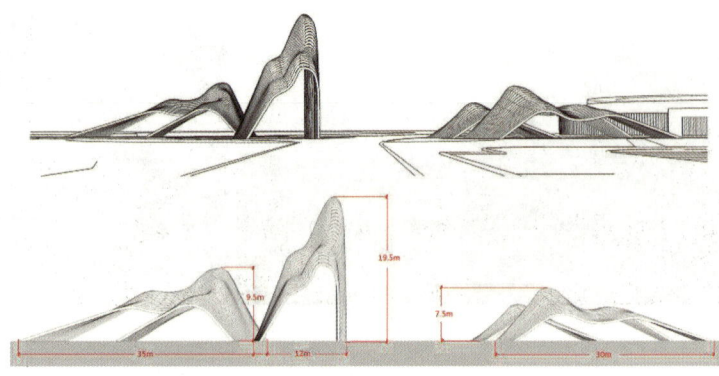
图5-39 茶谷景区的标志性雕塑《山》(尺寸图)

图5-40 安吉桃花源鲸奇谷

图5-42 鲸奇谷错落观景平台

图5-41 六边形双重空间

图5-43 鲸奇谷洞穴

图5-44 鲸奇谷滑梯

并以尽量长的平缓段做收尾。

抓住孩子最基本的玩乐方式——滑、爬、钻、跳、飞高……放置与地形有关的活动设施——滑梯、爬网、秋千、跳跳云等。让孩子们在自然中玩耍，利用各种设施搭建小朋友和自然的桥梁（图5-45）。

图5-45 鲸奇谷活动设施

同时，鲸奇谷也考虑了给看护者舒适的休息场所。在每个小孩可能停留的空间里，都有足够的或坐，或躺的看护空间提供给大人，这些空间均在遮阴的树下。满足不同的需求，让多种行为可以同时间、同空间发生，是对来者最大的尊重。

风景园林中也会以土为材料人为造出如丘陵般高低起伏变化的地形，表面置以草坪植物和铺装材料（图5-46）。这是一处公园绿地中的植物微地形，是以彩色沥青为主要材料，在微地形的表面覆盖饱和度极高的色彩，呈动态的圆滑曲线形式，与微地形的自然曲线相协调（图5-47）。地形形成高低起伏的儿童戏水空间，当地形高差较大时顺应地形高差，运用折现台阶形成壮阔的空间感（图5-48）。也会以土为材料塑造成几何形体，如半圆形、圆锥形等，表面置以草坪植物和铺装材料。半圆形是最容易和其他形体协调的形式，可运用重复的手法使地形雕塑在场地中反复出现，加强景观的特色。

图5-46 鲸奇谷人造草坪

图5-47 彩色沥青微地形处理

第五章 造景要素

图5-48 鲸奇谷儿童戏水空间

第三节 水系

一、古典园林的水景营造

以下从曲折生美、水贵有源、集中用水、聚分用水、分散用水、带状用水、水面划分、池岸处理这八个方面阐述古典园林中水的应用特点。

1. 曲折生美

中国传统园林的水面形式，主要特点是采用不规则的形状。讲究"直则无态，曲折生美""美在曲，幽也在曲"。在曲折婉转的同时，给人一种静谧深远的艺术氛围，从设计风格上讲表现比较灵活多变（图5-49）。

2. 水贵有源

苏州诸园水池在池水交汇的水口和转折之处，以桥梁作为近景或中景，可使园景更为深邃。同时，在曲折处结合伸出岸边的石肌以显示水口源流脉脉（图5-50）。

3. 集中用水

对于中、小型庭园，多采用集中用水的方法，即以水池为中心，四周环列建筑，从而形成一种向心和内聚的格局。特别是小园，采用这种布局形式常可使有限的空间具有幽静和开朗的感觉。至于水池本身，除少数呈规则的矩形，一般均取自由曲折的形状，并以山石驳岸，以期赋予自然情趣。画舫斋中央部分水庭，建筑紧贴着水池四周环列，十分典型地体现了集中用水和以水为中心的布局方法，虽面积不大，却具有开朗、宁静的感觉。唯院内无剩余地面可栽培花木加之形状方正，自然情趣稍嫌不足（图5-51）。

谐趣园，与画舫斋相似也以水池为中心。但较画舫斋自由曲折而富变化（图5-52）。网师园，位于中央的水池其大小与四周所留地面均较适当，既开朗宁静，又有山石、绿化与之呼应陪衬（图5-53）。

留园中部庭园，集中用水，但水池偏于一侧，从而留出较大地面堆山叠石，山林野趣，与水池相对比衬托，极富自然情趣（图5-54）。

苏州艺圃，也系集中用水，并使水池偏于院的北部，南部则以山景为主而形成咫尺山林的气氛，这样，南部山

图5-49 中国古典园林水面

图5-50 中国古典园林桥梁

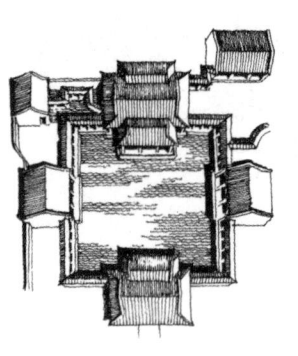  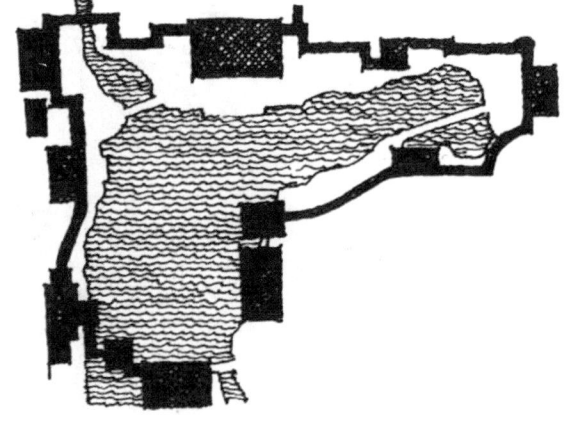

图5-51 画舫斋部分水庭　　　　图5-52 谐趣园水面

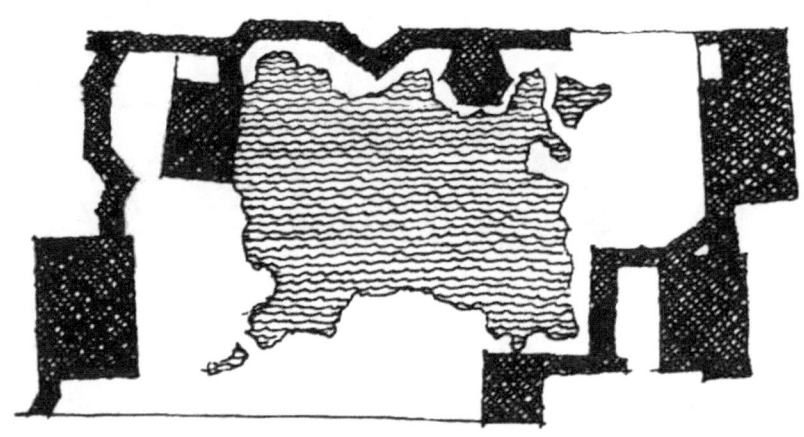 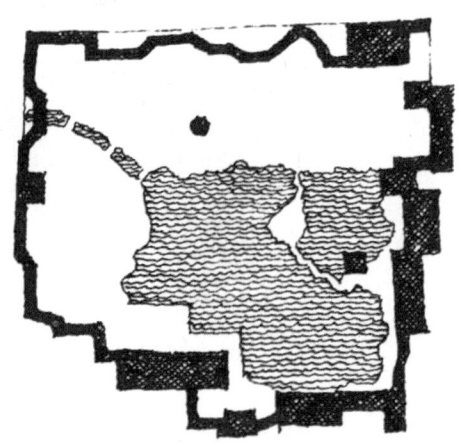

图5-53 网师园水面　　　　图5-54 留园水面

景与北部水景构成极强烈的对比（图5-55）。

4. 聚分用水

大面积集中用水多见于皇家苑囿，北海、颐和园以及圆明园中的福海等就属于这种情况。由于水面辽阔，常以水包围陆地以形成岛屿，岛山偏于一侧，则可形成大、小水面。大的部分异常辽阔开朗，小的部分则曲折幽静，二者恰成鲜明对比。北海以水包围琼华岛，因岛的位置偏于园的东南侧，致使西北水面大，东南水面小，二者对比极强烈。借这种对比将更加衬托出西北湖面的辽阔开朗感（图5-56）。颐和园和北海公园相似，这里也是用水包围着陆地——万寿山，山之前的昆明湖汪洋千顷、碧波浩荡，辽阔开朗至极；山之后的湖面则十分曲折、狭窄，幽深曲折的情趣油然而生，二者气氛迥异，构成极强烈的对比（图5-57）。

5. 分散用水

用化整为零的方法把水面分割成若干互相连通的小块，则可因水的来去无源流而产生隐约迷离和不可穷尽的幻觉。某些中型或大型私家园林就是以这种方法而给人以深邃藏幽之感的（图5-58）。

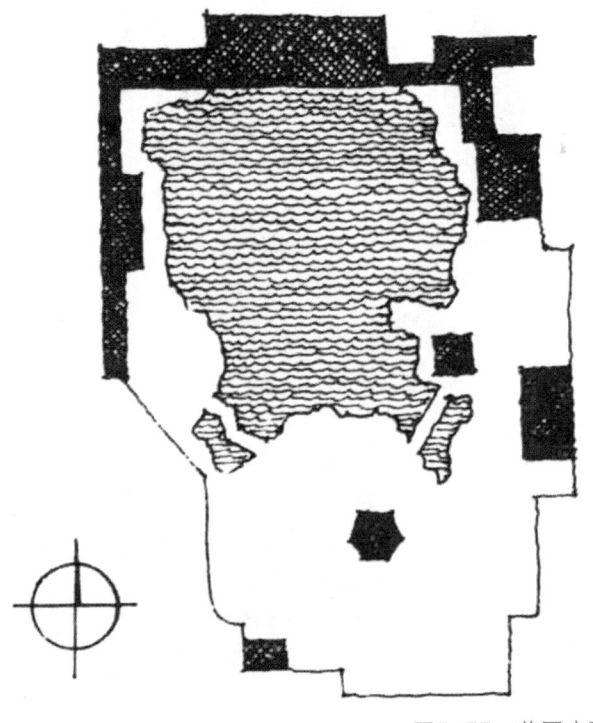

图5-55 艺圃水面

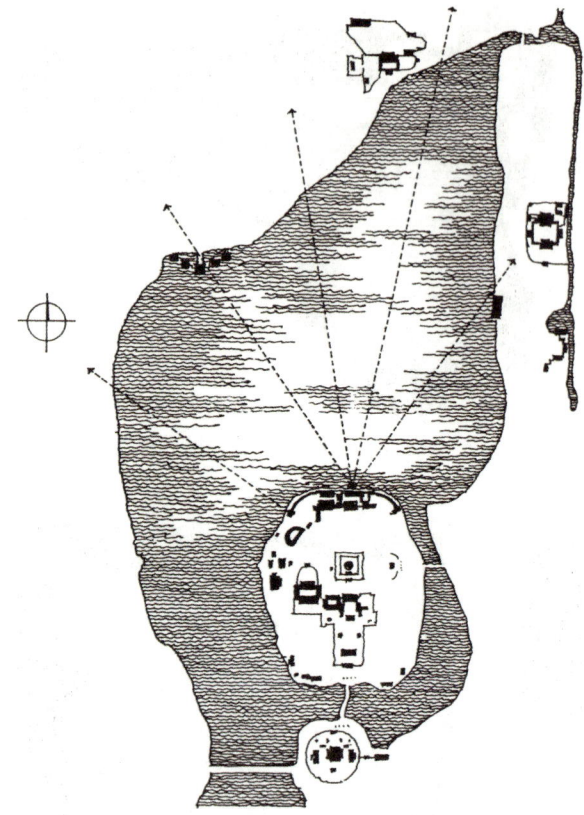

图5-56 北海水面

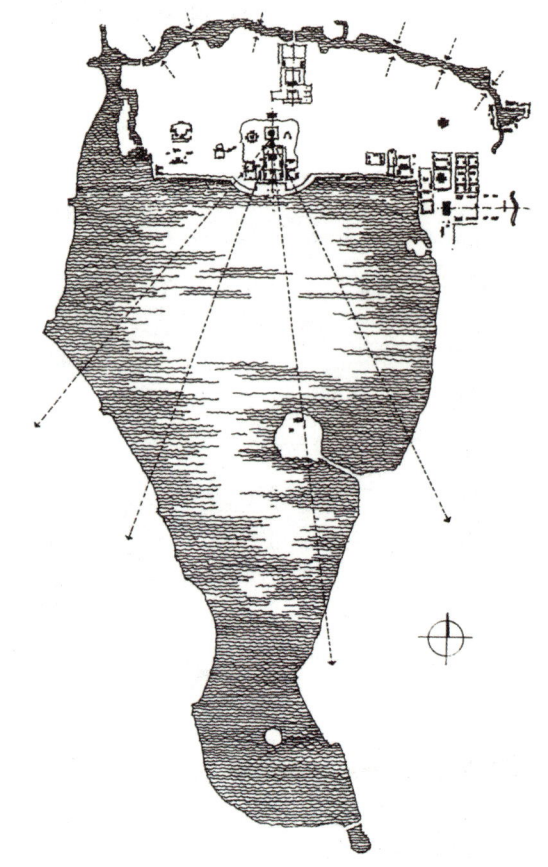

图5-57 颐和园水面

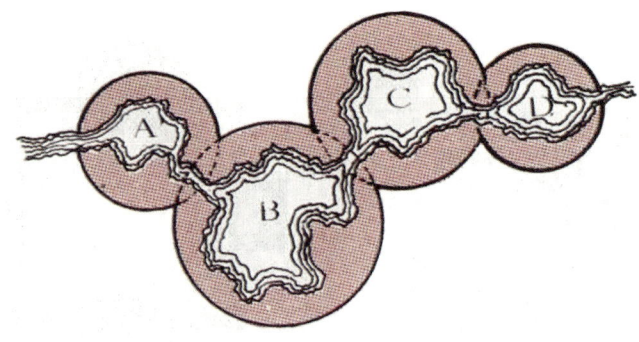

图5-58 水面分割形态示意图

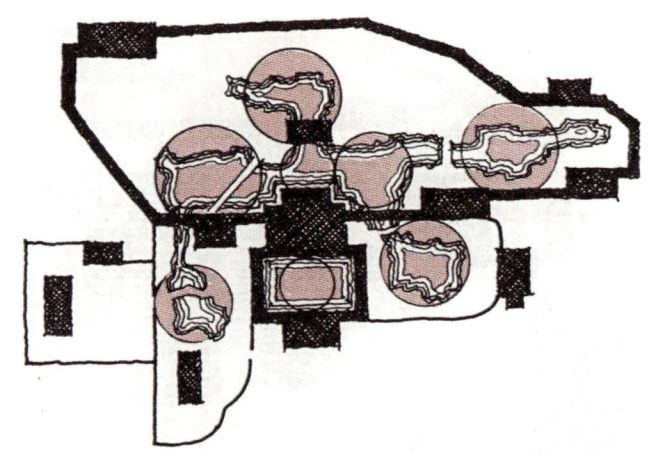

图5-59 瞻园水面形态

分散用水还可随水面的变化而形成若干大大小小的中心——凡水面相对开阔的地方均可因势利导，借亭台楼阁或山石、花木的配置而形成相对独立的空间环境；而水面相对狭窄的地方——溪流，则起沟通连接的作用，这样，各空间环境既自成一体，又互相连通，从而具有一种水陆萦迥、岛屿间列和小桥凌波而过的水乡气氛。南京瞻园，以三块较小而又相互连通的水面代替集中的大水面，从而形成三个中心。第一个水面最曲折而富有变化；第二个水面较开朗宁静；第三个水面虽小但却极为幽深（图5-59）。北海静心斋，以化整为零的方法把水面分成许多小块，以水面为中心分别形成若干各有特色的小景区（图5-60）。

6. 带状用水

带状水面是自然界溪流（河）的艺术再现，它忌宽而求窄，忌直而求曲。此外，为了求得变化，一般具有强烈的宽窄对比：借窄的地方起收束视野的作用，至宽的地方便顿觉开朗。所以带状水面的两个特点是曲折狭长和明显的宽窄对比，只有这样方可产生忽开忽合、时收时放、深邃藏幽的情趣。并且借带状水面的连续性可产成引人入胜的效果。圆明园北部景区，以极长而又狭窄的带状水面为纽带把分散的风景点连接成完整的序列，并借带状水面的导向性而引人入胜。东段水面较曲折又具有较明显的宽窄对比与变化，西段较单调（图5-61）。环秀山庄，限于地形条件，使带状水面盘迴循环，并局部贯穿于山石之间而形成"涧"，开与合的对比异常强烈（图5-62）。

7. 水面划分

在苏州古典园林中，划分水面的方法常因池面大小而不同。水面宽广，可用岛屿来划分，如拙政园中部和留园中部的池中小岛。其中，拙政园二岛之间仅隔一水峡，既有分，又有联系，互相掩映而有层次（图5-63）。面积较小的水面一般用桥来划分池面。这种方法可使空间割而不分，比较适合于在小水面上采用，其通常位于水面较窄之处，以梁板式石桥为多。水面架桥要考虑桥身与水面的关系，其高低视池面大小而定。如拙政园水面开阔，可根据山势的高低在不同高度和方向上设桥，达到增加层次、产生倒影等效果（图5-64）。

此外，也有采用建筑来划分水面的。如拙政园"小沧浪""小飞虹"，"小沧浪"把水面划分成封闭的水面和开敞的水面，"小飞虹"又将开敞的水面划分成半开敞的小水面与开朗的大水面。虽同为水景，却经造园家营造后形

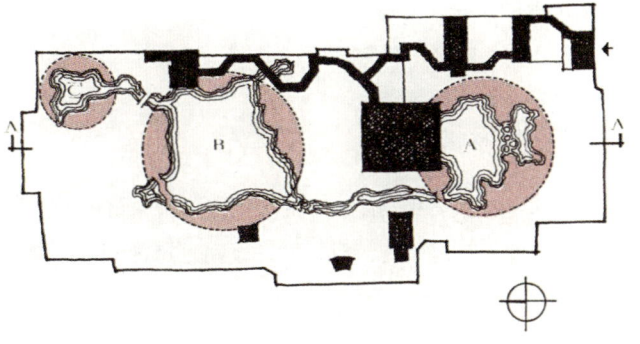

图5-60 北海静心斋水面形态

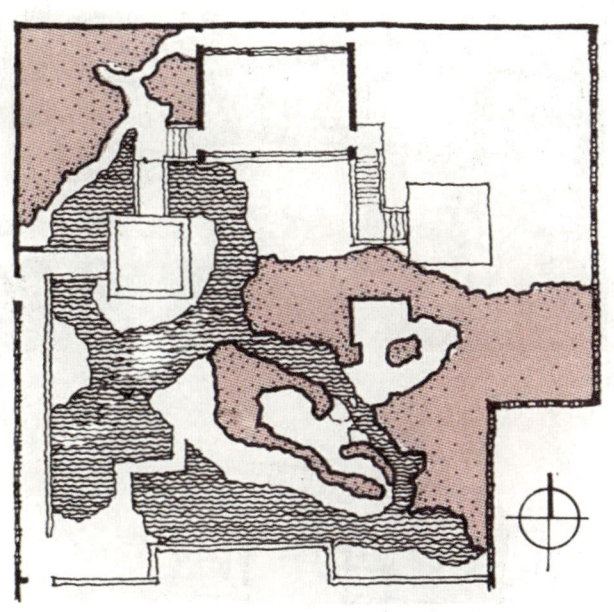

图5-61 圆明园水面形态示意图

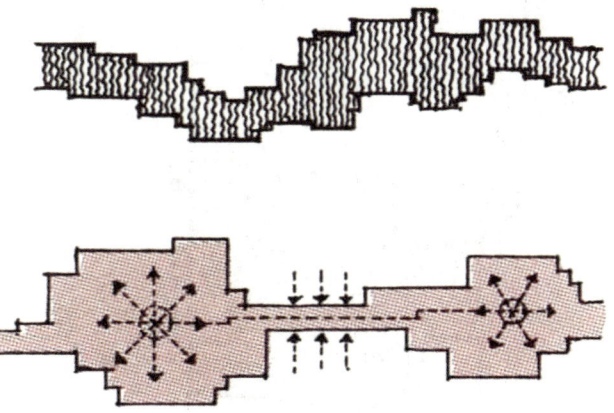

图5-62 环秀山庄水面布局示意图

图5-63 拙政园水面处理

图5-64 拙政园桥与水面的处理

成空间和氛围截然不同的四处水体景观（图5-65）。

8. 池岸处理

园中多数叠石为岸，或间用石壁、石矶，常有自然式踏步下达水面。石头大小错落，纹理一致，凸凹相间，呈出入起伏的形状，并适当间以泥土，便于种植花木藤萝（图5-66）。为使山石和水更加融合，水边常种植垂枝型植物，如连翘、迎春、锦带等。为使池岸有多样变化，水边的建筑和假山也是必不可少的，形象多样的建筑可设在水边，也可设在水中，还可退居岸边以外（图5-67）。网师园围绕中央水池有一系列面向水池的建筑，月到风来亭设在水中，濯缨水阁一半在岸上一半在水中，射鸭廊紧邻水边，小山丛桂轩以假山和水面分隔。看松读画轩则位于水边的花台之后。

二、现代园林的水景营造

风景园林应借鉴古典园林水系营造方法呈现出水系的传承。借助于技术进步呈现出水的多样化、神秘性和亲水性。

三、案例解析

案例一是富力十号63#展示区，位于杭州市以西，临近西溪湿地。其以简约诗意为设计原则，梳理成乐于参与

图5-65 拙政园"小沧浪""小飞虹"及水面

图5-66 叠石驳岸

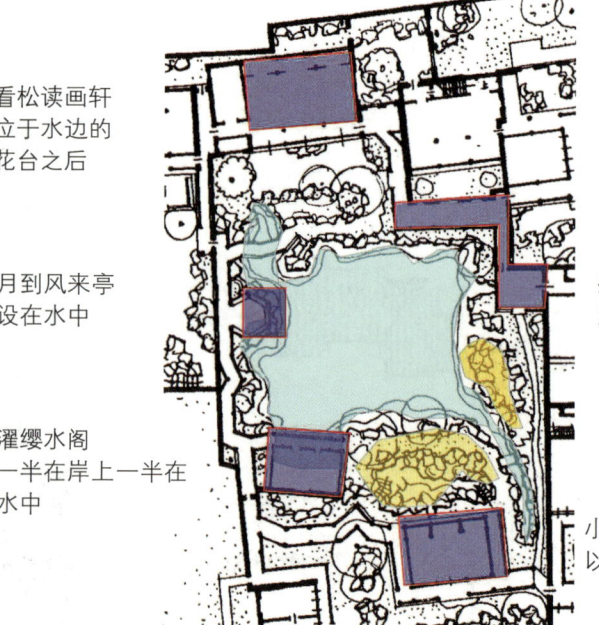

图5-67 网师园池岸布局

看松读画轩位于水边的花台之后

月到风来亭设在水中

濯缨水阁一半在岸上一半在水中

射鸭廊紧邻水边

小山丛桂轩以假山和水面分隔

的公共空间（图5-68、图5-69）。公共空间长57米，宽6.5米，是一处狭长的空间。

自古门前溪流寓意吉祥、美而纯粹。提取钱塘江及周边山脉的地形纹理，转化成具有艺术感的铺装肌理，并借由水位的高低变化，形成水盈则为镜面倒影池，水亏则为山峦沟壑或潺潺溪涧的水景雕塑。由于采取雕塑扁平化的策略，因此经过设计的景观中轴不仅可满足基本通行需求，更营造了通透简洁的空间体验（图5-70）。

整个景观中轴的尽头，是一块跌水主石为主景、繁茂桂花为背景的对景组合形式。主石高1.1米，宽2.4米，保留其自然面肌理，中部打磨开槽，上铺卵石，涌水分流而落，击打碎石的声音在围合的院内空间滴滴回响，增添了一丝野趣（图5-71）。整个空间，左右两侧苗木葱翠，对景安然伫立，配合28米长的富春江水景雕塑，仿若自远山瀑布流出的一波细水。

富力十号63#展示区的水系展示的是在继承古典园林水系方法基础上呈现出现代水景观的简洁、亲水的内涵。

案例二是包头万科中央公园，公园首开区占地约90000平方米，位于包头市心腹地带，地处新都城区青山路、建华路交界。场地地势北高南低，南部现状地块下凹，依据场地现状设计一片湖面，既符合汇水地势，也能打造包头不多见且开阔的大水面景观，而所有的活动和场景设置

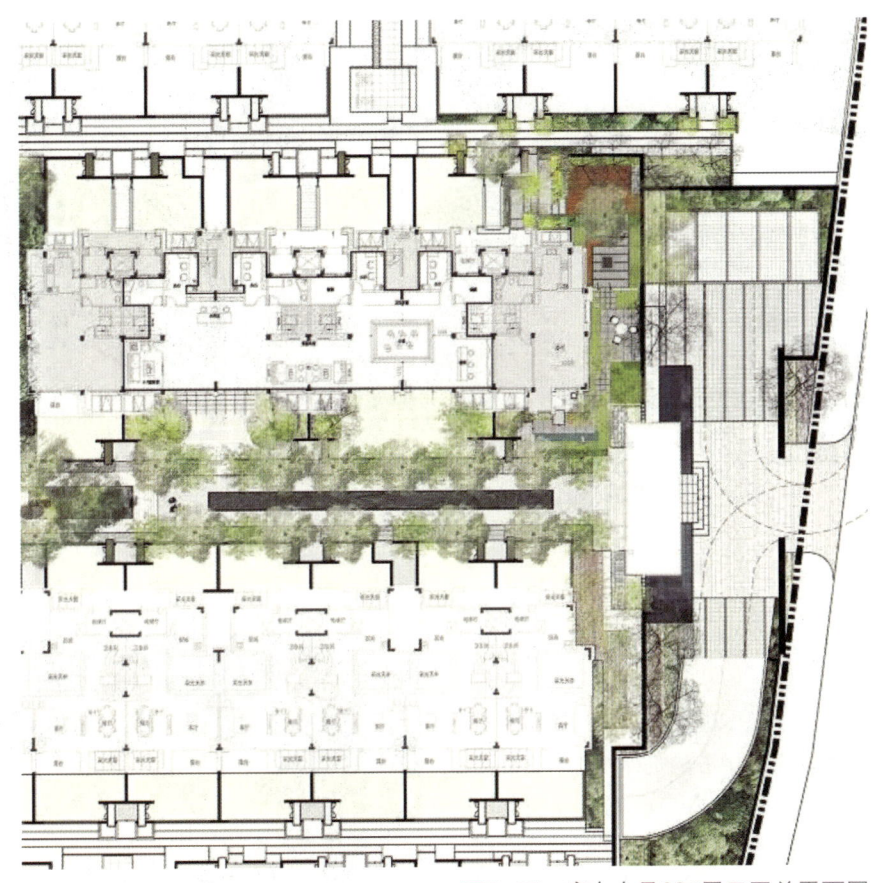

图5-68　富力十号63#展示区总平面图

图5-69　富力十号63#展示区水面处理

图5-70　富力十号63#展示区水系

图5-71　富力十号63#展示区水面细节

环绕布局在水岸周围（图5-72、图5-73）。

除了沿湖设置的多样活动空间组团外，游客中心建筑外挑式的正立面面向着公园主入口，倒影投映于湖面，匍匐向两翼生长的建筑北面一层设计为半掩土，融进景观打造的地形堆坡之中。同时建筑斜坡面屋顶连接着起伏延绵的林冠线，这种对于自然的融合与借用，为公园平添一种巨大的魅力（图5-74）。这是蜿蜒柔美的粼波桥，简洁流动曲线的月牙岛。粼波桥桥身上渐变的菱形穿孔在阳光下仿佛湖面的点点粼光，律动优美的湖岸线，波荡的建筑倒影和层次丰富的林冠线像极了铺开的一幅靓丽和极具现代艺术感的水天画卷（图5-75）。

变化的地形和水对孩子有着磁铁般的吸引力，设计通过对现状地形的重塑和趣味性器械的植入，围合出一个坡玩、沙玩和水玩交织融合的儿童乐园（图5-76）。

设计充分考虑项目所在地包头的气候条件、水体功能特点、水质现状及水体景观与周围环境的相协调统一性，针对通过生态结构建达到提高水体透明度、净化水质和景观营造的目

图例

- i 游客服务中心
- P 停车场
- 1 乐耀广场
- 2 中心景观湖
- 3 粼波桥
- 4 月牙湾
- 5 水岸活动平台
- 6 回响乐园
- 7 风拂花海
- 8 缤纷运动场
- 9 跃动健身区
- 10 冰隐湖
- 11 沐光大草坪
- 12 幻圆亭
- 13 水映剧场

图5-72　包头万科中央公园总平面图

图5-73 包头万科中央公园鸟瞰图

第五章 造景要素

图5-74 万科中央公园游客中心建筑

的，打造一个健康可持续的公园水环境（图5-77）。生态水域总面积9500平方米，采用"食藻虫"引导水质净化与景观构建综合技术，使湖泊水生态系统得以恢复。水体实现自我净化，水质主要指标达到地表Ⅲ类水或以上标准，生物多样性显著提高，沉水植物覆盖率达到80%以上。包头万科中央公园告诉我们，现代景观水体设计不仅要营造水系周边丰富的空间、设施和建筑，而且要运用水净化的科学技术以实现水的生态效益。

图5-75　万科中央公园粼波桥

图5-76　万科中央公园儿童乐园

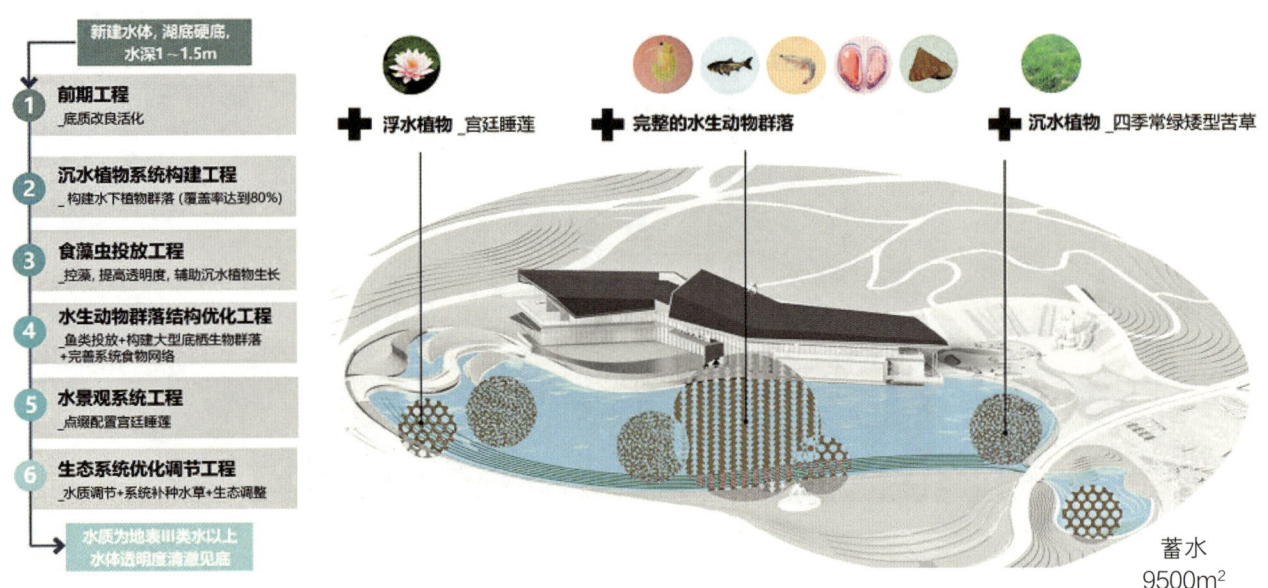

图5-77　万科中央公园生态体系构建

第四节　植物

一、古典园林植物造景

园林中有许多景观的形成都与花木有直接或间接关系。例如在苏州园林中拙政园的枇杷园、听雨轩、远香堂、玉兰堂、留听阁等，有的是以直接观赏花木为主题，有的则是借助花木而间接抒发某种情趣。在中国园林中不止有一种视觉艺术，还包含听觉、嗅觉和冥想。此外，春夏秋冬、雨雪阴晴的变化都会改变空间的意境，这些因素往往借助花木作为媒介间接地发挥作用。

1. 师法自然

在植物造景方面，直接利用自然植被，或在园林中模仿自然山林植被景观，精心设计种植。还有传统造园中的植物造景总是取法自然，因地制宜，随机造景，并无固定模式，达到"虽由人作，宛自天开"的境界。设计的时候在植物方面选用大的高冠树做基调（北方可以选用柳、松、槐、栾、杨、白蜡等）。地被方面可选用沿阶草、四叶草等一些密丛的植被，同时再搭配上像连翘、南天竹、石楠等一些小灌，做出自然式生长的景观。

如图5-78、图5-79所示，水面设计开开合合，泊岸曲折多变，通过自然式种植的植物增加岸边的层次变化。透过水面看池中倒影，增加诗意，从而赋予情趣。留园西部区，在凸出起伏的山石上大面积密植枫树已形成葱郁的枫林。配置方法取自然形式：密中有疏，大小相间，高低参差，宛如自然山林。

2. 主从置景

中国传统造园很注重主从关系，植物造景也不例外。园林植物种类繁多，在古典园林环境中，特别是在较小的园林空间或某一景点处，植物景观都有重点与一般、主与次之分。如留园的西部景区、沧浪亭的玲珑馆，另外可运用丛植、群植同一种植物来突出某一种植物景观的特色，形成局部园林空间的主景，像一些牡丹园、月季园、菊花园、海棠坞等。在平时的设计中可运用植物色彩的差异，以雪松、油松、其他常绿树或者大乔木丛植做背景，前面搭置桃花等早春观花树木或花，颜色深的能退隐过去，前面鲜艳的色彩能突显，营造出很好的景观效果，突出主景。

留园西部景区以槭树为主调树，配以松柏类、银杏等其他秋季观叶树种，创造"霜叶红于二月花"的优美景色（图5-80）。沧浪亭的玲珑馆周围主要种植各种翠竹，配以古柏、芭蕉等植物，体现"秋色入林红黯淡，日光穿竹翠玲珑"的优美清幽的自然景色（图5-81）。网师园小山丛桂轩庭院，呈狭长形状，植有桂花、西府海棠、槭树、鸡爪槭树、白玉兰等品种的花木约十二三株，其中桂花占七株，所以还是以赏桂花为主。其也通过多植来体现主导景色（图5-82）。

3. 巧于搭配

古典园林空间有限，要在有限的空间内创造无限的自然美景，就需要在植物造景上巧妙地跟其他景观设施搭配组合来丰富园林景色。对于植物跟其他景观设施的搭配方式有很多，例如与山石、理水、建筑、道路、盆台等。在做设计的时候，要巧用植物与其他景观设施的组合，来营造更好的景观效果。比如，在北方山石搭配时，在山上可多种植些大乔木：银杏、榆树、槭树、栾树、松树、柏树等。在树荫下可以选中型灌木：石楠、南天竹、金银木、丁香、珍珠梅、火棘等。地被可以选用麦冬、四叶草，也可以密植小型灌木：迎春、连翘、棣棠、小叶女贞-黄杨、小檗、小龙柏等，丰富空间层次，让人有景可赏。同时设计的时候也要考虑色彩的对比与调和：注意开花季节

图5-78　水边植物（1）

图5-79　水边植物（2）

图5-80　留园西部植物

图5-81　沧浪亭玲珑馆植物

图5-82　网师园小山丛桂轩植物

的先后、一年四季都能保持常绿等因素。

（1）植物与山石的搭配。在苏州园林里常见到的与山石搭配的植物有：乔木：黑松、罗汉树、侧柏、槐树、玉兰、紫叶李、槭树、香樟等。灌木：南天竹、麦李、茶花、八角金盘、枸骨、火棘、迎春、连翘等。地被：沿阶草、薜荔、青竹等。

（2）植物与理水的搭配。在水边种植的植物以地被、藤本、小灌为主，还有临水乔木。常见的草坪地被：四叶草、沿阶草、青竹。灌木：迎春、连翘等。藤本：薜荔、蔷薇、爬山虎、地锦等。临水的乔木：柳树、槭树、松、香樟、琵琶等。

（3）植物与花台的搭配。对于跟花台相搭配的植物，多采用点种或者孤植，利用花台或配景在小的庭院里做点缀，常可以获得良好的效果。一般都宜偏于院的一角而切忌居中，选用的植物多以名贵、挺拔或苍劲、古拙或多姿，基本选用的植物必须具备独特的性格。在留园入口处，古木交柯庭院（图5-83）。院子很小，在东南角处设一花台种植老槐一株，形态苍劲古拙，给人们留下深刻印象。在花台里还可种植玉簪、南天竹、茶花、四叶草等植物，还有用花色美的牡丹、海棠，文人气息浓厚的梅、兰、竹、菊等。盆景植物种类也相当丰富，见到最多的是松、柏、枸骨、香樟、罗汉树等。

图5-83 古木交柯

（4）植物与建筑。园林中的树，可以点种，也可以丛植。从视觉的观点上，点种的树更加引人注目。点种的树，树形优美，还能起烘托建筑物的作用。在沧浪亭四周环列较大乔木五六株，由各数中心连线所成的交点几乎与亭中心相重合，从而围合建筑，保持均衡（图5-84）。

4. 四时造景

创造春夏秋冬四季不同的景观效果，是中国传统造园植物造景艺术的一大特色，园林四时景色丰富。中国古典园林中，运用植物四时造景极为普遍，如春景海棠春坞、夏景荷风四面亭、秋景闻木樨香轩、冬景雪香云蔚亭等。

5. 海棠春坞

造型别致的书卷式砖额，嵌于院之南墙。院内垂丝海棠两株。庭院铺地用青、红、白三色鹅卵石镶嵌而成海棠花纹，与海棠花相呼应（图5-85）。荷风四面亭：亭名因荷而得，坐落在园中部的池中小岛，每当夏季，荷花盛开，一阵阵清香随风透过亭子，感受岸边柳枝随风摆动（图5-86）。留园闻木樨香轩，其附近种植多株桂花，待秋高气爽，桂花盛开时，则香气怡人，也是赏远处槭树景的好地方。拙政园雪香云蔚亭，雪香，指梅花；云蔚，指花木繁盛。此亭适宜早春赏梅，亭旁植梅，暗香浮动。雪香云蔚亭又称冬亭，位于园的中部一小丘上，周围除有几株高大的乔木外，还种植了许多蜡梅，每当岁寒之时，迎雪盛开的蜡梅，花香与瑞雪交相辉映，成为园中赏冬景的佳处。

6. 寓情于景

传统植物造景取之自然，模拟自然景色，更有融情于物，寓情于景，景中有诗，诗中有画，画里场景。自然景物蕴含人文之情，并通过楹联、匾额、题咏、石刻等，将

图5-84 沧浪亭植物

图5-85 海棠春坞

图5-86 荷风四面亭

花草树木与文学艺术的思想情感联系起来，达到触景生情、情景交融的艺术境界。听雨轩的轩前一泓清水，植有荷花；池边有芭蕉、翠竹，轩后也种植一丛芭蕉，前后相映。雨点落在不同的植物上，加上听雨人的心态各异，就能听到各具情趣的雨声，境界绝妙。此外，院内还种有桂花、玉兰、桃、竹子等植物，使得四季景色均有变化（图5-87）。拙政园留听阁，以观赏雨景为主，建筑东、南两侧均临水池，池内遍植荷莲，秋雨滴落残荷滴答有声。留听阁取意于李商隐"秋阴不散霜飞晚，留得枯荷听雨声"的诗句，别有一番诗情画意（图5-88）。

7. 文化意蕴

中国历史悠久，文化灿烂，很多古代诗人及民众习俗中都留下了赋予植物人格化的优美篇章。所以借用不同的植物来表达特殊的情感，烘托特定气氛，使人们通过品赏景色，在潜移默化中受到熏陶。

传统的松、竹、梅配植形式，谓之岁寒三友。梅、兰、竹、菊谓之四君子。玉兰、海棠、迎春、牡丹、桂花谓之玉堂春富贵。玉兰既象征高洁、清雅，又寓意吉祥如意，雅俗共赏；海棠常用来象征游子思乡，表达离愁别绪；牡丹常被视为富贵、繁荣昌盛、幸福和平的象征；桂花是崇高美好、吉祥的象征；竹子是坚韧挺拔、虚心有节的性格象征和人格理想，因此，常把竹比作贤人君子，竹子空心，弯而不折，折而不断，用来象征为人谦虚、柔中有刚的做人原则；梅花不畏严寒，迎雪开放，凌霜斗雪，象征着坚强、高雅、美丽、坚贞不屈并且谦虚的品格，也用来比喻有傲骨之风、贫寒却有德行的人，另外，梅花还具有吉祥文化的象征，花有五瓣，象征五福：快乐、幸福、长寿、顺利、和平；荷花又称莲花，其以美、爱、长寿、圣洁的综合象征成为中国人喜爱的名花。另外，枫树：象征晚年的能量；银杏：象征稳固持久的事物；榆树：象征文明的源泉；柳树：表示惜别及报春，是纤弱、轻盈、飘逸的象征；杏树：象征讲学圣地；女贞：是富有性格的树；梧桐：象征祥瑞之物；桃树：象征幸福、交好运；桑树：表示家乡；侧柏：象征坚贞不屈，适合烈士陵园；合欢：象征合家欢乐；桂花：秋天的象征，蟾宫折桂；柑橘：象征财富；枣树：象征邻里之情；石榴：象征多子多福；紫薇：象征和睦；紫荆：象征兄弟和睦等。

二、现代园林的植物景观

现代景观设计中，植物在塑造空间、控制视线、美学功能和生态效益方面发挥着重要作用。

1. 形成空间

植物材料的高矮、树冠的形状疏密、种植的方式决定了空间感。开敞空间：开放视线，但有分隔。仅用低矮灌木及地被植物作为空间的限制因素；这种空间四周开敞、外向，无隐秘性，并完全暴露于天空和阳光之下。半开敞空间：视线部分遮挡，部分开敞。种植设计形式不同，遮挡的位置便不同，空间效果也就不同。完全封闭空间：视线全部遮挡。这类空间的顶部覆盖，且四周均被中小型植物所封闭。具有极强的隐秘性和隔离感。

2. 控制视线

通过植物材料的种植方式可以控制视线，形成引导与遮挡，从而用植物构成相互联系的空间序列，植物就像一扇扇门，一堵堵墙，引导游人进出和穿越一个个空间。在发挥这一作用的同时，植物一方面改变空间的顶平面的遮盖；另一方面可有选择性地引导和阻止空间序列的视线。植物能

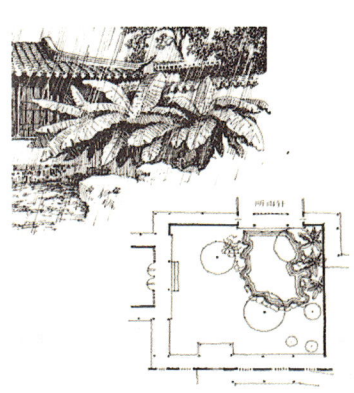

图5-87 听雨轩植物

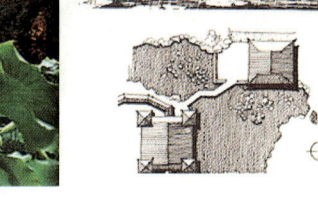

图5-88 留听阁植物

有效地"缩小"空间和"扩大"空间，形成欲扬先抑的空间序列。

3. 美学功能

植物材料可做主景，创造出各种主题的植物景观。植物材料也常做背景，根据前景的尺度、色彩、形式等因素决定背景植物材料的高度、宽度、种类、形式，以保证既有整体感，又起到对比衬托的作用。

植物材料还有将较杂乱的要素形式统一形成整体感的作用，可以软化建筑等硬性景观，悬垂植物和石景配置相得益彰，植物和木质材料总是和谐的，配以折线的设计形式，既和谐又具有强烈的视觉效果。

4. 生态功能

净化空气的作用，植物可以吸收二氧化碳，放出氧气，吸收有害气体、放射性物质，吸滞粉尘等。

净化水体的作用，许多水生植物和沼生植物对净化污水有明显的作用。据报道，芦苇能吸收酚及其他20多种化合物，1平方米芦苇1年可积聚9千克的污染物质。在种有芦苇的水池中，水中的悬浮物减少30%，氯化物减少90%，有机氮减少60%，磷酸盐减少20%，氨减少66%，总硬度减少33%。

净化土壤的作用，植物的根系能够吸收大量有害物质，具有净化土壤的能力。

杀菌作用，在繁华闹市中每立方米空气中约有几十万个细菌，而郊区公园只有几千个，可见市区绿化之重要，表5-2很清楚地说明了这一点。

表5-2　　　　植物的生态功能　　　　单位：个/立方米

空间类型	含菌量	空间类型	含菌量	空间类型	含菌量
公共场所	49700	植物园	1046	樟树林	1218
街道	44050	黑松林	589	柏树林	747
公园	6980	草地	688	杂木林	1965

改善城市小气候，植物可以调节温度、湿度、空气流动。在带状绿地的方向与该地夏季主导风向一致的情况下，可为炎夏的城市创造良好的通风条件。另外，植物还具有保持水土、降低噪声、保护农田、安全防护、检测环境污染等作用。

三、案例解析

上海嘉定中央公园占地70公顷，公园的设计整合了诗意形态、文化表达、公共功能和生态修复，创造出多重使用体验，为该地区赋予更加独特的身份特征与气质。公园中四条主要步行道不仅承载了穿越公园和沿公园游览的交通作用，而且与园内各要素紧密结合，交织变化如水袖飞舞，沿空间与地形蜿蜒起伏。公园内的空间构成展示了形式与功能的双重性——呈现出开阔与郁闭，宽广与私密，活跃与安静，城市与田园，直与曲，高架与下沉等多种变化（图5-89）。

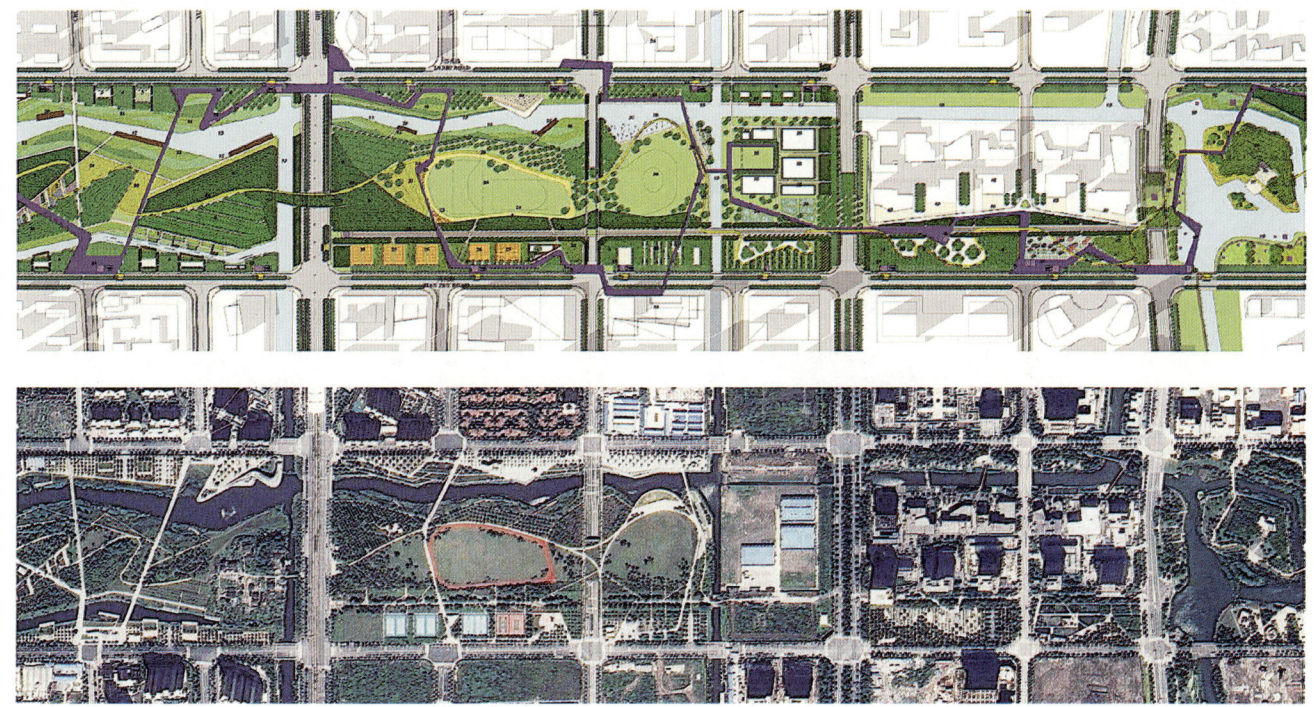

图5-89　上海嘉定中央公园平面图

公园将湿地与森林栖息地及休闲空间相结合，成为附近以交通为导向的开发区域中的绿肺。公园既连接了分散的绿地斑块，又结合了周边的城市街区，采取为土地分级和重新种植本地物种的策略，使曾经被藻华堵塞的运河变成具有生物多样性的清澈水道。

以可持续为导向的设计，重塑栖息地。恢复湿地、新增林地、栽种本土植物以培养本地生物群落、增加生物多样性，形成原生态和略带狂野的植物景观，有效地重新利用现有材料和基地构筑物。绿色植被密布的口袋空间部分不允许人类进入，成为野生动物的庇护所。在施工结束后，动物群开始以惊人的速度回归场地，传粉物种在公园中大量繁殖，鱼类和两栖动物群落也开始茁壮生长。形成了多样的土地景观类型：公园中的水道和湿地占25.6%，林地占14.4%，小树林占17%，草地和草坪占5%。公园中引入的植被均为当地的原生植物，约2500棵既有树木被保留下来，此外还新种植了11474棵植物，公园的建成减缓了嘉定区的城市热岛效应，使地表温度平均下降了1.9℃，营造出舒适的微气候（图5-90~图5-93）。

图5-90　湿地植物景观

图5-91　道路沿线植物景观

图5-92 节点空间植物景观

图5-93 水系沿线植物景观

第五节 铺地

一、古典园林的铺地情趣

根据不同主题，古典园林会采用不同的纹样和材料进行地面铺装（图5-94），铺装形式主要分为两类。

其一，方砖、条石——采用条石、青砖铺地，取其平坦、整洁的优势。大片云石铺地可以营造朴素自然的效果；青砖铺地营造幽深雅静的感觉，有时也会在园路两旁用卵石或碎石镶边，使之产生变化。

其二，花街铺地——苏州园林普遍使用花街铺地。所谓花街铺地就是以砖瓦为界组成图案，图案内镶以各色卵石、碎石、碎缸片、碎瓷片，组成各种纹样，形如织锦，颇为美观。

花街铺地的色彩大多淡雅，保持材质本身的颜色，如黄、棕褐、墨黑色等。铺地风格或圆润细腻，或朴素粗犷，与自家园林所要表达的意境十分协调。

铺地图案多以传统题材或民间喜闻乐见的形象为主题。分为庭院铺地、道路铺地和主题铺地。主题铺地常用图案有以下几种。

芍药，古人称芍药为"花相"，苏州网师园中有一庭院，取名"殿春簃"，而"殿春"则指芍药花，芍药的开花期在春末，所以谓之"殿春"。芍药花比牡丹淡雅秀丽，更受文人士大夫的喜爱，而且芍药有和五藏、辟毒气的功能，古人特别看重"中和得宜"，因此芍药纹有中庸合宜的象征意义（图5-95）。

海棠历来为文人所喜爱，"云绽霞铺锦水头，占春颜色最风流"，春海棠成为春天的象征。园林铺置海棠多展现春天永驻、满园春色的美感。苏州园林中海棠图案样式繁多，组合多样，赋予不同形式的美感。海棠纹源自四瓣的海棠花，凡是由四段对称的弧线组成的封闭图形，都叫海棠纹（图5-96）。铺地以海棠纹为主纹，一是取其好看；二是因为海棠纹工整，易于做成四方连续的基础纹。

五福捧寿是民间常用的吉祥纹样，其纹样是五只蝙蝠围绕一个篆体寿字而飞舞（图5-97）。蝙蝠是一种能飞翔

图5-94 怡园地面铺装

图5-95 芍药纹

图5-96 海棠纹

图5-97 五福捧寿纹

图5-98 松鹤延年纹

图5-99 蝴蝶飞舞之纹

图5-100 鱼纹

图5-101 扇纹

图5-102 盘长纹

的哺乳动物，用蝙蝠代表福，是民间由来已久的做法，运用了"蝠"与"福"字的谐音。民间一直把福、禄、寿、财、喜称为"五福"。

鹤，在民间被视为仙禽，《抱朴子》记载，丹顶鹤能活百年，故鹤纹有长寿的寓意。鹤纹又是一品文官官服补子上的纹饰，故鹤又有官居一品的寓意。鹤纹有些固定的程式，如飞鹤和鹿在一起，是"六合同春"，若是一鹤为单腿独立之势，便是"官居一品"。人们也常把丹顶鹤与青松相提并论，用"松鹤延年"（图5-98）、"松龄鹤寿"来象征长寿。

蝴蝶在民间有很多寓意，若是一对蝴蝶飞舞之纹，象征夫妇和睦；若是一只蝴蝶飞舞之纹（图5-99），则是利用"蝴蝶"与"无敌"的谐音，表示逢凶化吉。

鱼与"余"同音，常用来比喻富裕、吉庆和幸运，是中国运用较早的图案。民间的鱼纹（图5-100）种类很多，构图也不相同，有多种吉祥寓意。若是金鱼纹，则有"金玉满堂"之意，若是鲤鱼纹，则有"鱼龙变化"或"连年有余"的吉意。

扇，同"善"，寓意避邪行善，同时反映园主的书香之气。折扇，是古代文人喜欢的用具，以至扇纹（图5-101）成了文人喜欢的一种构图形式，在绘画中有专取扇纹为构图的。园林中以扇纹为铺地之纹，也是文人生活氛围的描写。

盘长纹（图5-102）是采用直线套接的几何图案，也称吉祥结。由模拟绳线编结而来。纹样是一条线的盘曲连接，无头无尾，无踪无止，故名"盘长"，寓意源远流长，含有长久永恒之意，园中铺设多表达好事连绵不绝之意。

铜钱的基本形制是外圆内方，是我国古代面值较小的货币。在民俗中，铜钱纹（图5-103）是财富的象征物之一，常用于与致富有关的吉兆图案之中；又因"钱"与"前"谐音而有"眼前""立刻发生"的意义，常与其他吉祥物并用。

在古代，八卦纹（图5-104）是有辟邪功效的符号，用八卦纹为铺地之纹，也是求吉辟邪。

庭院铺地和道路铺地常用图案有冰裂梅花式、冰裂式、人字纹、间方式、六方式、套六方式、云朵式、四方十字云朵式等（图5-105）。

二、现代园林的铺地情趣

现代园林景观的铺地在传承古典园林景观的铺地的基础上呈现出三大特点，分别是材料更为丰富，功能更为全面，方法更为多样。

目前常用的路面铺装材料主要有四类，分别是沥青混凝土路面、水泥混凝土路面、块料路面、透水路面。

沥青混凝土路面，有黑色与彩色（图5-106），透水与不透水之分，其中彩色沥青是指将沥青固有的黑褐色脱色，然后与石料、颜料及添加剂等混合搅拌而成，或者在黑色沥青混凝土中加入彩色骨料而成。透水混凝土又称多孔混凝土、无砂混凝土、透水地坪。是由骨料、水泥、增强剂和水拌制而成的一种多孔轻质混凝土，具有透气、透水和重量轻的特点。

图5-103 铜钱纹

图5-104 八卦纹

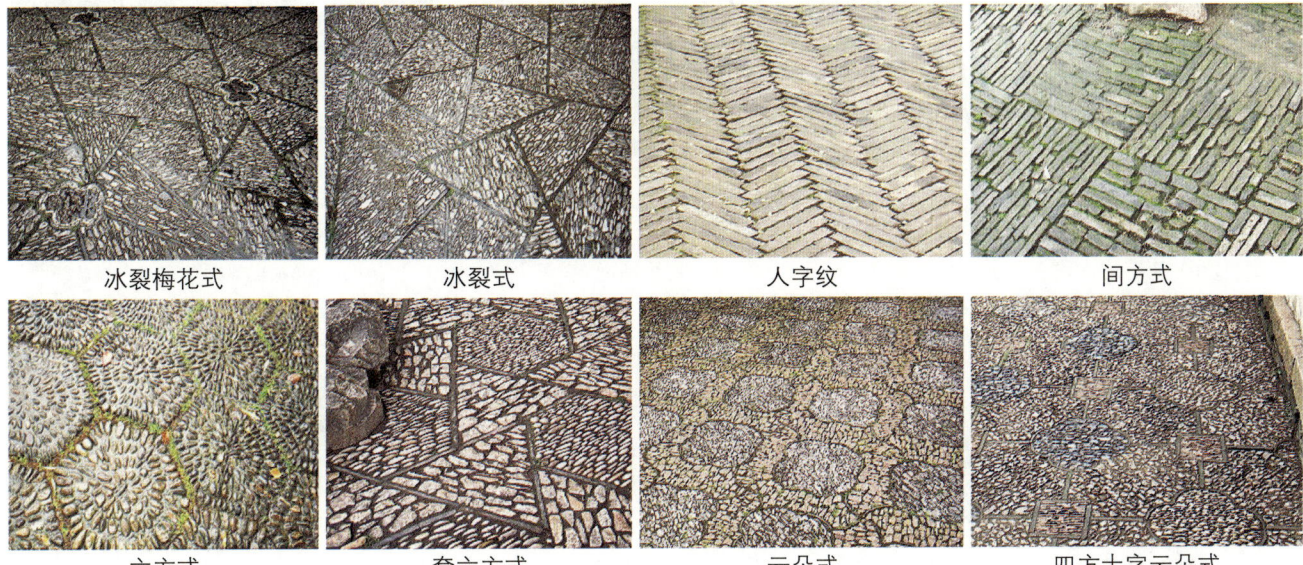

图5-105 铺地常用图案

园林中的水泥混凝土路面一般会对其面层进行工艺处理,第一种工艺是对表层进行处理、如硬毛刷表面处理的路面、露骨料饰面处理的路面、压模处理的路面(图5-107)等。

另外一种工艺是贴面处理(图5-108),花岗岩大理石贴面处理的路面、石片贴面处理的路面、花砖贴面处理的路面、木材贴面处理的路面等。

块料路面(图5-109)是用石材、预制混凝土砖、烧

图5-106 黑色与彩色沥青混凝土路面

(a)硬毛刷表面处理　　(b)露骨料饰面处理　　(c)压模处理

图5-107 水泥混凝土路面表层处理方式

(a)花岗岩大理石贴面　　(b)石片贴面　　(c)花砖贴面

图5-108 水泥混凝土路面贴面种类

(a)预制混凝土砖　　(b)烧结砖　　(c)条石路面　　(d)块石路面　　(e)料石路面

图5-109 水泥混凝土路块料路面形式

结砖等经人工铺砌而成的路面，如花岗岩、大理石铺砌的路面、条石路面、块石路面、料石路面等。

透水路面（图5-110）是以改性树脂为黏合剂，各种天然及再生材料为骨材而形成的透水透气性路面铺装。这是一种新型的生态环保性铺装材料。

除了铺装材料更为丰富外，现代园林景观中的道路更加凸显界定空间、与人互动、表达主题的作用，在铺装样式上除了常用的错缝、席子纹等，常常应用平面构成方法或者平面组成图案的方法形成铺装样式。

三、案例解析

"三角形探戈"是一个上海商业区空间改造项目，通过铺装界定空间，以强烈而鲜艳的铺装图案颜色和造型吸引路人，同时铺装上置以灯光和音乐的反应平台，当人们踏到三角板上时，灯光和音乐会做出相应的反应，整个装置就会活跃起来，促进人们之间的互动，增强公共空间的体验感（图5-111）。

铺装采用等边三角形的分形组合，同时也对三角板做了平面设计，使得每块板子内有好玩有趣的图案，用视觉冲击吸引四周走过的人（图5-112）。三角形的造型、板块内的图案、单色处理、延伸到平台之外地面上的黄色阴影等设计都是为了增强整体的视觉冲击性。

商业景观空间已经不只为营造单纯的购物氛围，其将成为营造具有参与性、互动性、提升幸福感的城市公园。

江苏苏州吴江区太湖新城CBD核心的华润万象汇景观空间（图5-113），临近主干道，连接地铁出入口，以打造集标示性、主题性、展示性、趣味性、联动性于一体的景观空间为目标。

图5-110　透水路面

图5-111　"三角形探戈"俯视空间

图5-112　"三角形探戈"铺装与互动效果

图5-113 太湖华润万象汇景观空间总平面图

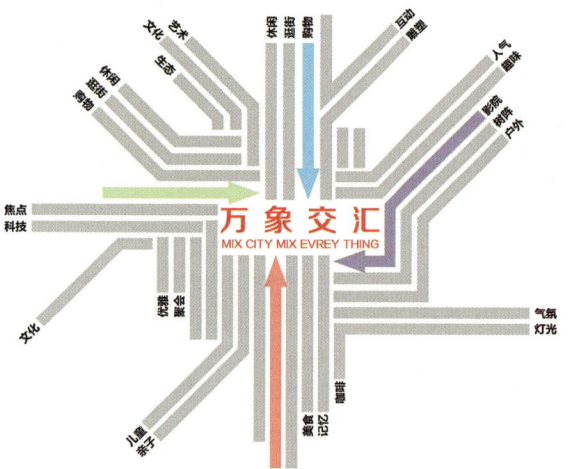

图5-114 太湖华润万象汇概念图

图5-115 太湖华润万象汇景观空间效果图

设计从建筑的线条出发,提取"万象交汇"的概念(图5-114),以海岛为设计灵感,以海水之蓝为基调,采用现代、简洁、流畅的线条,让人联想大海、天空,犹如沉浸在无尽静谧的海水中,舒服、放松。主入口广场铺装结合"万象交汇"的设计概念,利用线性铺装引导人流,汇聚于商场主入口。铺装线条跟随视野以竖向排列,深浅色平行排列,具有时空连续性的韵律美感。铺装赋予场地更多的公共空间属性,让更多的人能够进入其中,成为一个高参与度和体验感的城市空间(图5-115)。

本章思考题

1. 论述现代园林建筑形式设计与传统建筑的关系。
2. 古典园林中园林植物人文情感表达的手法有哪些?请结合常用的具有人文象征意义的植物设计应用展开论述。
3. 请谈一谈花街铺地的常用图案。
4. 请谈一谈古典山石在现代园林景观空间中的继承与创新策略。
5. 请谈一谈现代山石在现代园林景观空间中的继承与创新策略。

第六章 实训项目

PPT 课件

本章分别举例说明如何在具体设计实践中体现传承主题和创新主题。在传承设计的过程中，运用传统园林布局和设计方法，营造具有鲜明文化特色且满足市民休闲使用的空间环境。在创新设计的过程中，场地环境不变，要求营造出具有中国设计特色的现代景观空间。多从主题立意、空间组织、空间围合、路径引导、观景体验、景观节点等方面凸显园林设计的现代创新。

第一节 项目区位

济南大学科技园片区是济南市西部的一处大学城和科技园，位于济南长清区内，而济南国际园博园正位于济南市大学科技园内，是集园林景观、生态旅游、植物科普、文化博览、休闲度假、水上游览为一体的大型综合性国际博览园。

园博园主入口布置中央景观主轴，随之形成两条特色观赏轴：特色展园观赏轴和自然文化体验轴。同时基于不同景观内容的表达，园区分为八个功能片区：公共区、国内展区、齐鲁展区、国际未来展区、中央湖区、休闲娱乐区、趣味园区和苗木储备区。园博园的交通以串联式路径布置，绕着中心湖面与各个功能分区呈环状，园区内规划一级主路10米宽，连接主入口、主广场以及各个展区，设置循环大型巴士。规划二级环路6米宽，贯穿整个展园，设置小型电动车。项目位于园博园区齐鲁园东南部的小岛上，在中央主轴视线的末端，三面环水，一面临园区主路，场地面积约为20000平方米。

2018年，长清区的人口普查显示，常住人口59.67万人，女性占比50.68%，男性占比49.32%。同时人口也因身处大学城，流动性大，高素质人才汇集，具有对传统特色园林休闲空间的强烈诉求。

第二节 传承设计

传承设计要求尊重场地周边环境，运用古典园林的布局和设计方法营造出具有济南特色的园林设计方案。服务对象已不再是封建时期的少数人，所以切不可生搬硬套古典园林布局形式，需要考虑现在的服务人群。因服务人群和社会意识形态与古典园林发生了根本性的变化，所以项目的布局设计形式和目标因人而异，因当下社会而异。

要求方案设计充分结合周边环境；充分运用古典园林的主题立意、空间中心、空间形式、空间围合、空间划分、路径引导、观景体验、造景要素等设计方法；除五大传统造景要素外，还要增加景观设施等现代要素；建筑应结合使用功能，如观景、小卖部、露天茶座、咖啡吧、书吧等，注意建筑的占地比例；使之成为展示济南特色和形象的窗口并满足市民的休闲使用等生活功能。

一、传承设计方案1

1. 设计理念与策略

设计以"古城泉韵"为主题，将古典园林精神融于景观当中，借助景观意境与文化的渗透，达到情景交融之境，突出济南文化气息和韵味，打造一处静谧之地——有花，有亭，如诗，如画，尽享宁静安逸之美，如果说景观空间是一张简练而纯粹的"宣纸"，那么就可以将东方美学融入空间的开合关系，把时间的舞台留给光与影，以干净简洁的色调和精致的细节，打造符合当下国人审美的新文人园林空间。

项目总体设计布局规整，层次丰富，构建4轴、3园、2道的空间结构，打造一条绕内湖的环状景观带，通过场地的高差和空间开合，营造出层层递进的多重院落，呈现出一处具有东方人文艺术感的庭院空间（图6-1）。

2. 传承特色：空间结构

公园布局的组织途径是蜿蜒曲折的，体现在建筑物之间的直接衔接、廊架的运用，以及山、石、路、桥的穿插。通过交通路线和视线轴线串联起各个景观节点以及山体、水系和平地。景观轴线是组织重要景观要素形式和位置的重要途径，其中南北主要景观轴线连接曲流堂、滴泉亭、沁泉堂，西北和东南主要轴线连接滴翠亭、涌泉桥、滴泉亭与凸菁亭。两条次要景观轴线分别连接尔雅堂、滴泉亭、曲流堂和暖香榭。这些轴线在划分空间的同时又连接空间，使公园规整又使公园蜿蜒灵动，一起构成山水主空间+关联小空间+多条轴线+主要厅堂+建筑疏密的多层次空间结构（图6-2）。

3. 传承特色：功能分区

公园依据古典园林造园思想和现代人的生活习惯，分为以下区域。入口门厅：起着汇集引导人流和压抑视野的作用，其延绵沉静，是廊桥茶亭景观，从"小飞虹"中得到灵感，营造公园安静的茶空间。水榭与山水廊：廊道、植被与水榭结合形成多层次空间。中央大堂：最重要的建筑空间，由沁泉堂和周边庭院构成。绿道山亭：在连接交通的同时营造出有山、邻水、有亭的诗意小景。售卖小楼：在园内增加广场与售卖休憩空间，满足现代人的需求。水体与湖心亭：视野最为开阔，在湖中央，可与公园内其他区域形成对景（图6-3）。

4. 传承特色：路线设计

古典园林道路是园林的组成部分，起着组织空间、引导游览、交通联系并提供散步休息场所的作用。公园交通系统分为廊道和绿道，蜿蜒曲折，形成了"道莫便于捷，而妙于迂""路径盘蹊""曲径通幽"等道路特点，有限的空间内忌直求曲，以曲为妙（图6-4）。

5. 传承特色：造景要素

沿小池点缀少数湖石，池中心置岛，同时依靠地形的起伏与亭结合，营造空间至高点和视觉焦点（图6-5）。建筑庭院内采用依墙构石壁和庭院花台的方法形成雅致的庭院景观。

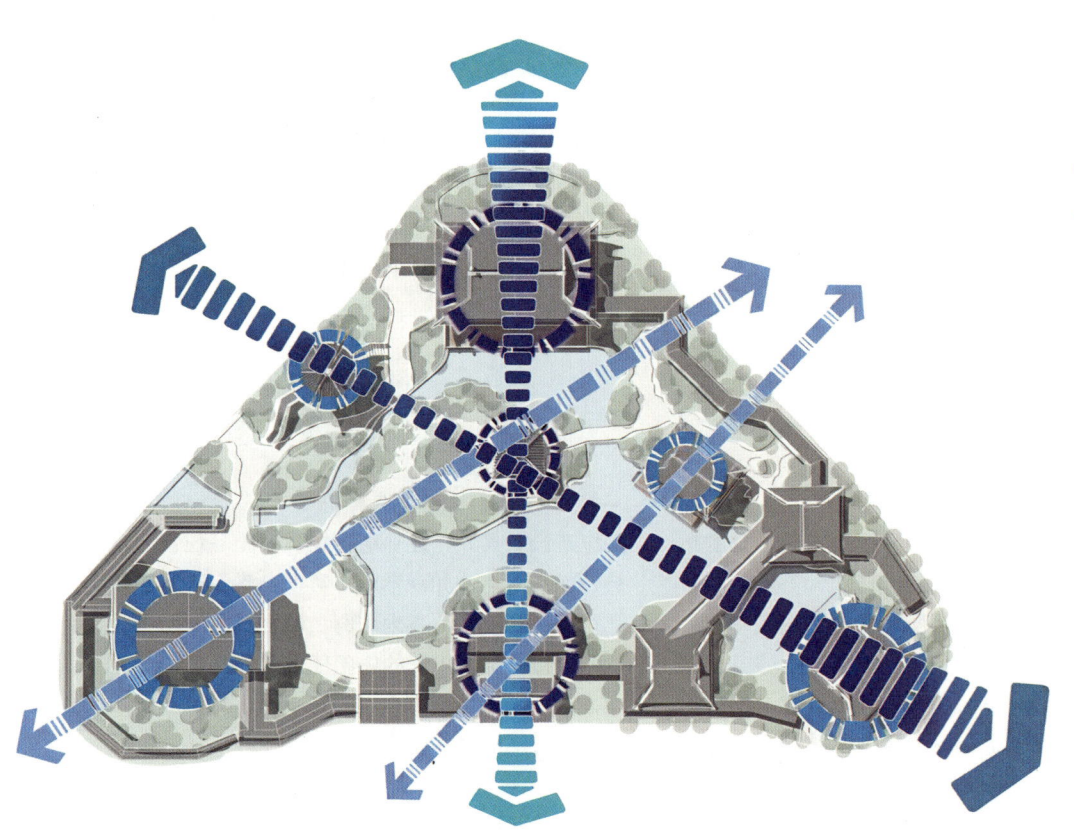

图6-1　空间结构

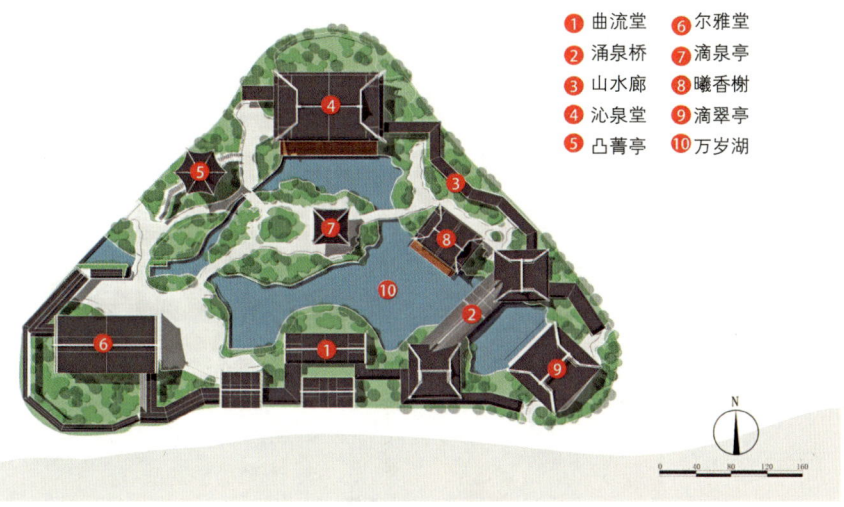

图6-2 平面图

公园依靠中心小岛与涌泉桥把水面进行划分，运用分散用水的方法把水面分割成若干小块，让水面出现面积大小差异大的水面。小池驳岸蜿蜒曲折，既有带状溪流，也有大面积集中用水，呈现出不同空间感受的曲折水景。

园内建筑丰富，包括廊、堂、楼、亭、榭、桥六种类型，分别是山水廊、曲流堂、尔雅堂、沁泉楼、滴翠亭、滴泉亭、凸菁亭、暖香榭和涌泉桥。建筑布局随机、空间通透、色彩淡雅，与园内自然要素相互结合，融于自然，相互渗透，保持了园内空间的通透性（图6-6~图6-12）。

二、传承设计方案2

1. 设计理念与策略

设计通过古典园林的布局来反映济南的特色文化，整体布局中，山水面积占比较大，叠石景观形成的山环抱着池岸，池边种植荷花、柳树，体现了济南"四面荷花三面柳，一城山色半城湖"的特色。设计使用现代的景观节点，增加与游人的互动和体验，更好地展现济南特色（图6-13、图6-14）。

2. 传承策略

设计机遇有两点：其一，场地区位优势明显，三面环湖，景观环境优美，适宜营造良好的山水意境空间；其二，场地内水系发达，地势平坦低洼，适宜营造山水环境。设计挑战有两点：其一，场地外部河湖面积较大，场地内部地势相对低洼，挖掘水系时应该注意水系面积大小的控制与防水处理；其二，场地形状较为特殊，且湖岸周边景观资源多，设计时积极利用周边环境。

设计通过古典园林的布局来反映济南的特色文化，合理分析传统园林景观布局特点与造景手法对其进行继承发展，营造外向与内向型相结合的空间形式，尽最大可能利用周边与场

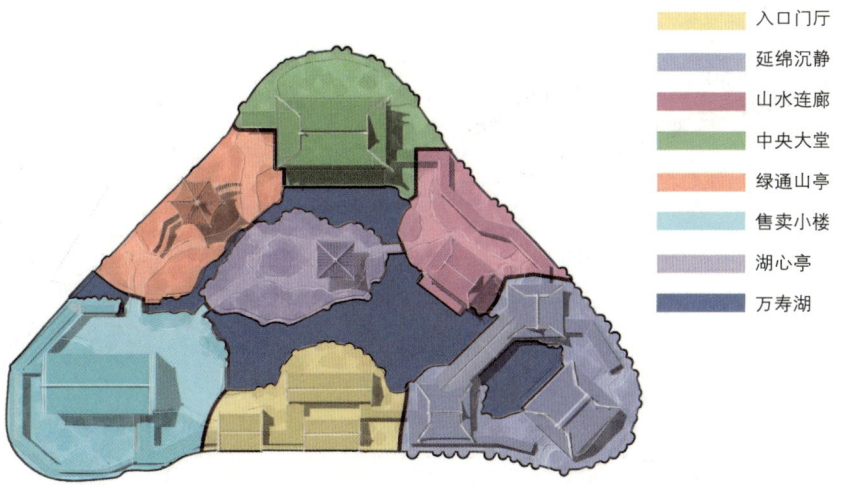

图6-3 功能分区

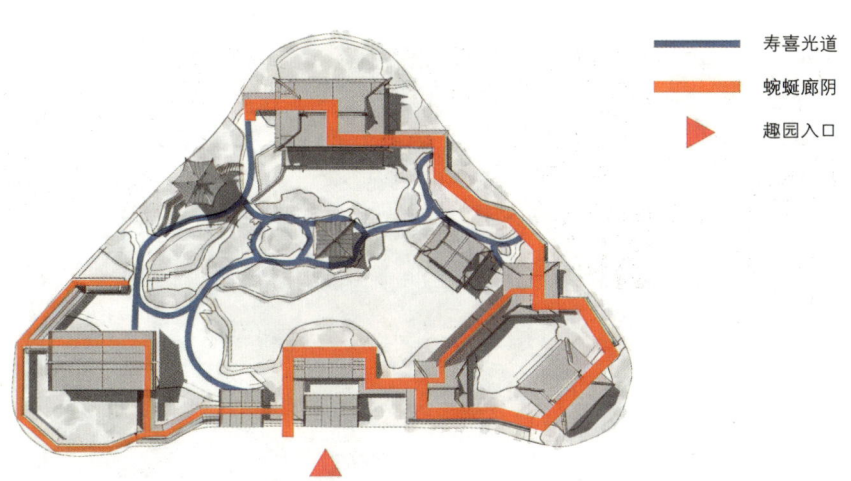

图6-4 路线分析

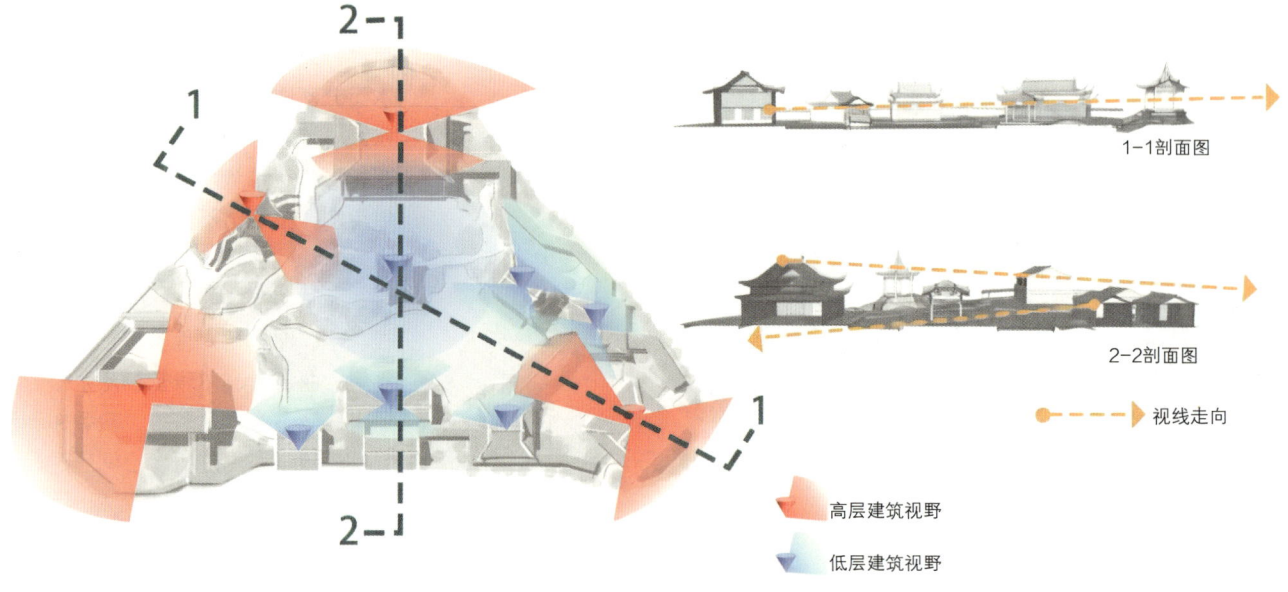

图6-5 视线分析

图6-6 入口门厅

图6-7 曲折回廊

图6-8 廊桥茶亭

图6-9 山水廊

图6-10 山水廊观景效果

图6-11　绿道山亭效果

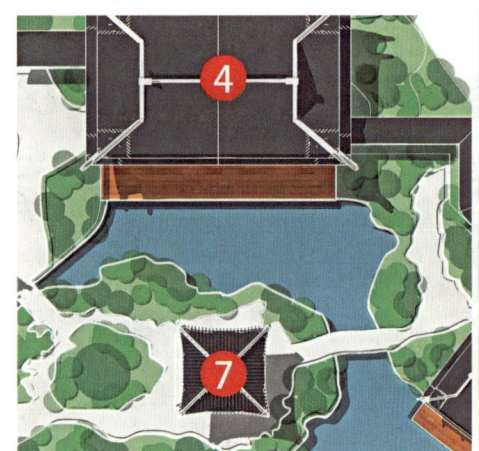

图6-12　沁泉堂效果

❶沃源堂　❼倚望阁
❷清泉石上流　❽泉城八景
❸秀华亭　❾红瘦阁
❹云润亭　❿饮泉阁
❺山水喷泉　⓫鹊华秋色
❻荷韵桥　⓬问泉勺

图6-13　平面图

图6-14 鸟瞰图

地内部环境。继承古典园林中蜿蜒曲折的特点并结合道路、水系、叠山的营造体现济南城市文化的山水环境空间。平面形式上继承古典园林蜿蜒曲折的特点,局部运用现代的布局来体现对古典园林的传承;多运用建筑来沟通空间或者作为空间的连接点;意境表达上继承古典园林借助叠山理水,把广阔的大自然山水缩移模拟于咫尺之间的手法;多结合济南当地典故、诗集为意境的主题,以建筑山石、水为意境的载体;造景手法上积极采用古典园林里常用到的框景、障景、抑景、夹景、漏景等手法处理空间环境,营造空间感受与变化,在营造叠山理水时采用以小见大的手法,通过溪涧的小,突出山的大;传承古典园林中君子比德、天人合一等思想;师法自然,运用我国的传统植物并结合其哲学意义以合理的配置;在叠山理水方面对古典园林中的手法进行传承与现代化应用;建筑功能明确并结合一定的哲学内涵与意境;对亭、廊、楼、阁等开放式构筑方式进行继承,让园林有更多的变化,让山石、植物、水体等自然之美和人工之美更好地融合。

3. 传承特色:空间结构

场地空间结构整体上呈山字形,由山水喷泉、泺源堂、秀华亭、饮泉阁等较为重要的景观节点作为支撑环绕着中心湖滨,形成左城、右山、中水的特色山水格局,较好的传承了古典园林山水与平面的形式。

4. 传承特色:功能分区

为了满足游客与周边居民的使用,将场地划分为四个功能区,相互交融,为使用者提供了游览、休闲、洽谈、文化展览、活动等功能。

5. 传承特色:路线设计

场地道路顺应场地形式,空间序列丰富,蜿蜒曲折,步移景异,较多的利用建筑作为流线或者交通节点,较好的传承了古典园林的特色。

6. 传承特色:造景手法

在实施园林构景设计时主要采框景、漏景、夹景、障景、对景、借景等造景手法。材料以木、石、土为主,颜色以棕、白、灰为主,形式以圆形、方形为主。框景属于一种常用的方式,主要借助于门框、窗框、山洞等方式去选择性的对空间美景实施摄取,继而产生将美景嵌入镜框内的景观效果。在我国的古典园林建筑中,就采用了门、窗以及乔木树枝抱合等方式去构成一定的景框,能够将其他位置的山水美景及人文景观等予以包含,也可以说是我国古典园林建筑中极具代表性的一种造园方式。在合理使用障景方式之后,所能达到的效果就是产生移步换景的层次性布局,让人无法一眼就能够看到所有的景观(图6-15)。

7. 传承特色:节点设计

(1)泺源堂:位于园区主入口处的主要建筑,泺是济南的古称,取名泺源堂直接又内涵的展现出济南的地位(图6-16)。

(2)清泉石上流:用几个正方形石板拼合,中有缝隙使湖水穿过,丰富游人的体验,又是对济南泉文化、水

框景　　障景

漏景　　夹景

对景

图6-15　造景手法

图6-16　泺源堂

文化的积极回应（图6-17）。

（3）秀华亭：位于园中东南侧假山上的亭子，假山意向为济南名山"华不注山"亭子取名秀华则有山岭俊秀之意（图6-18）。

（4）云润亭：取自赵孟頫提在趵突泉的诗句："云雾润蒸华不注，波涛声震大明湖。"云润是指趵突泉冬日涌上湖面的热泉产生的雾气，本景点周边通过安置造雾喷嘴来营造这样的意境（图6-19）。

（5）山水喷泉：位于园区北侧的大型音乐喷泉，中心为"荷花雕塑"，内圈有九个山石喷泉装置表示齐烟九点——寓意济南九座名山，外圈有72处小型喷嘴寓意济南的72名泉。

（6）荷韵亭：位于湖面上的一个八角亭，因夏日周边多荷花故取名为荷韵（图6-20）。

（7）倚望廊：靠近园博园湖面一侧的廊道，用以观赏水面（图6-21）。

（8）济南八景：采用特色景墙的方式，展现济南的特色景点（图6-22）。

（9）红瘦轩：采用济南词人李清照的诗词，"试问卷帘人，却道海棠依旧。知否，知否？应是绿肥红瘦。"在庭院内栽植海棠花，更体现园林诗画的魅力（图6-23）。

（10）饮泉阁：位于园区西南侧的阁楼，供游人休憩、饮茶。

（11）鹊华秋色：采用枯山水等形式再现"鹊华秋色图"的山景（图6-24）。

（12）问泉礿：取自"问渠那得清如许，为有源头活水来。"利用园林中水贵有源的营造手法，用此桥隐喻水的源头（图6-25）。

图6-17 清泉石上流

图6-18 秀华亭

图6-19 云润亭

图6-20 荷韵亭

图6-21 倚望廊

图6-22 济南八景

图6-23 红瘦轩

图6-24 鹊华秋色

图6-25 问泉约

第三节 创新设计

一、创新设计任务书

场地环境不变,要求营造出具有中国设计特色的现代景观空间——设计师之家。以创新设计任务书和传承设计作业比较,虽服务对象和社会意识形态无变化,但是布局形式和功能以及材料样式的要求均已不同,外在形式虽然不同,但是布局设计的方法却要在古典园林的基础上进行创新,即形异而核同,这是具有挑战性的(表6-1)。

表6-1 古典园林、传承设计、创新设计的比较

类型	古典园林	传承设计	创新设计
服务对象	少数人	所有人	所有人
社会背景	封建社会	现代社会 生态文明、文化自信	现代社会 生态文明、文化自信
外在形式	古典园林形式	与古典园林相比是相似的,稍有变化	与古典园林相比是不同的
设计内核	教材所讲的设计理论	与古典园林相比是相似的,稍有变化	与古典园林相比是相同的,继承创新

要求方案设计体现出中国园林特色,从意境、山、水、空间、路径、引导、要素等方面积极思考切入点;站在设计师和游览者的双重角度思考空间功能和景观环境;满足工作、休闲、生活、健身、会客、思考、社交等一系列的功能;要求景观、建筑特色鲜明体现设计师之家的形象特征;材料、形式等不做要求,可古朴、可现代、可混杂;设计师之家的建筑占地比例为≤3%,其功能是给设计师提供工作室的办公场所,也可结合辅助功能(茶座、咖啡吧、书吧等),除设计师之家这个建筑以外,场地还可设计观景、小卖部、露天茶座、咖啡吧、书吧等建筑,建筑的总占地比例不超过6%。

二、创新设计方案1

1. 设计理念

安顿诗意与情感的一方天地,植根自然与文脉的时代作品,重做过去与现在的园林内涵,留下济南的印记,给设计师一个家。好的景观设计在于对城市文化的分析以及应用,把良好的功能、美观的空间体验与济南的历史相结合,创造出面向不同文化群体的景观。公园的服务人群除了居民与游客,也为设计师服务,也就是要设计属于设计师和游玩者共同的环境(图6-26~图6-28)。

① 入山门	⑧ 背山台	⑮ 咖啡厅,商店
② 入口广场	⑨ 望山廊	⑯ 勉翠亭
③ 听潮亭	⑩ 坐山亭	⑰ 入水玉带
④ 凌波桥	⑪ 清虚山	⑱ 过河石子
⑤ 藏园	⑫ 畅园	⑲ 对照院
⑥ 观鱼台	⑬ 葫芦廊	⑳ 汇水园
⑦ 望水廊	⑭ 流园	㉑ 设计师之家

图6-26 总平面图

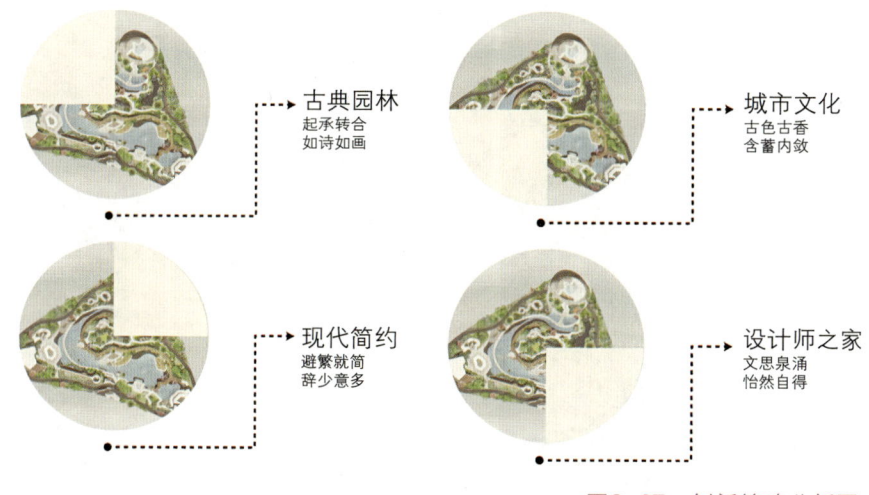

图6-27 创新策略分析图

2. 主题立意的创新

古典园林的主题立意为意境，代表着心与物，情与景的交融，是设计者把自己的理念化为外物的过程，古典园林强调的是从物境到心境的过程。或者以山水形态表现意境，把自然山水汇于一园，或者以建筑表现意境。人们可从匾额的名字、看到的景色、听到的声音、植物的清香中感受到意的存在。园内景观设置富情于景，情景交融，园内景点绕湖而建，景色秀丽，湖中心有山亭矗立，入口处有山体设计，建筑采用曲线融于环境，体现效法自然的意境，同时路径长短交错，疏密相间，空间也有实有虚，有隐有现，体现画卷的意境美（图6-29）。

3. 空间组织的创新

园林中的布局组织即为点、线、面的布局，点为节点建筑，线为道路，面为绿地与山水。先确定主要空间的位置，之后确定主副轴线突出主景，组织交通。其布局形式为蜿蜒曲折。古典园林中的布局策略主要有山水主空间、关联小空间、对景线、主要厅堂、建筑疏密、制高点。

方案设计点、线、面关系明显，广场、建筑、道路、水面和绿地一一呼应。采用自然式布局，但景观轴线依然是很明显的，主要轴线连接入口广场、湖心山亭、设计师之家，蓝色次要轴线连接咖啡厅与湖心山亭，紫色次要景观轴线沟通藏园、3个临水平台、湖心山亭和对照院。棕色的次要景观轴线连接入口广场与观鱼台。主要景观节点为设计师之家、咖啡厅、入口、湖心山亭和藏园五处。园内山水面积大，景观节点围绕山水而建，建筑疏密错落，山亭突起作为园内制高点（图6-30）。

4. 空间围合的创新

古典园林的围合形式有内向式、外向式、内向与外向结合式，内向式以山水为院，建筑物布置于周边，内院形式曲折，空间有向心力的同时，又给人以亲切感；内向与外向结合式，具有内部开敞外部通透的特点；外向式一般出现在大型且有制高点的园林中。

方案设计的围合形式为内向与外向结合式，基地是在济南园的基础上进行改造，济南园位于齐鲁园东南部的小岛上，位于齐鲁展园的东部，与落霞园及休闲娱乐区接壤，同时位于湖面之上视野开阔，往北望可看到和谐广场的摩天轮与未来展区，南边透过湖面可看到传统园林展区，西北面是巨大的孔子雕像。

图6-28 场地鸟瞰图

图6-29　主题立意

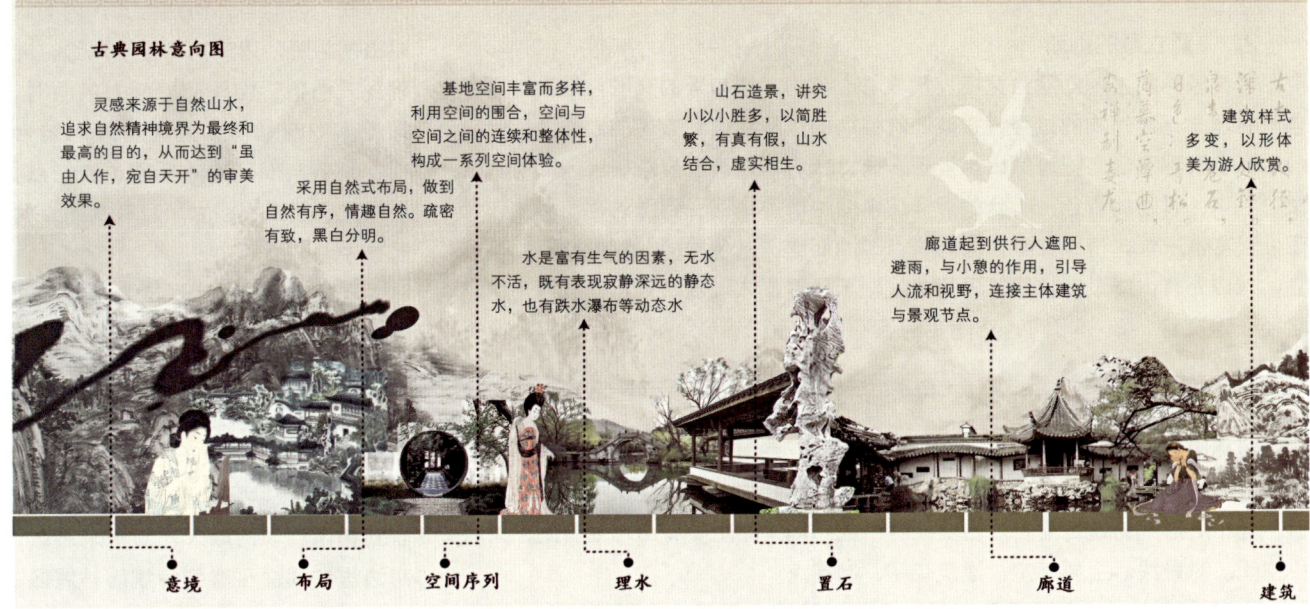

内部园内建筑与路线基本绕水体而建成，圆心为植物花园布置，并且立一假山叠石作为景区的制高点，因而视野开阔，入口广场与背山台对望，湖面3个临水平台形成3角对景，咖啡厅、藏园、设计师之家视野皆聚焦于中心山亭，同时场地位于小岛上，在场地向外望可见满湖波光粼粼，因此场地为内向与外延式的园林布置（图6-31）。

5. 路径引导的创新

路径引导的目的在于将各自独立的景点进行连贯，使路径分为开始、

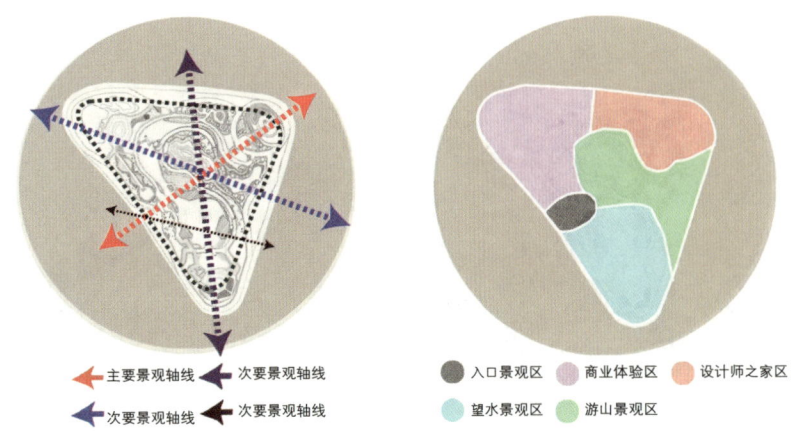

图6-30　景观结构分析图

引导、高潮和尾声4个阶段，效果可分为强调、转折、过渡。

方案设计的内路径分为景观主路、景观次路与沿湖景观路3条组成，主路保持开敞通畅，方便人流通行，沿湖景观路由廊、路、桥构成，在游览时，由于廊路景观节点的变化，形成移步景异的特点及动观，在游览时遇到亭、台、楼、桥等建筑时，应停下来静观四周的美景，形成静观。同时，沿湖景观路有两条：一条经过湖心花园；另一条为葫芦廊道。在连接景观节点的同时，路本身也是具有美感的（图6-32）。

6. 观景体验的创新

观景体验就是体验景观空间的整个过程，要满足人们休闲、观赏与休憩的基本需求，观景体验的营造方法包括主景与对景、渗透与层次、引导与暗示、高低与起伏。

方案设计景区布置，按空间体验的不同，给人7种不同的体验。迎：入口的迎客石，展现空间的渗透与层次；境：三亭相望、营造意境；藏：藏园空间围合而安静，背山台与湖心山亭高低起伏，体现主景与对景；入：景观葫芦廊道，引导出流园与咖啡厅的宽敞空间；堂：园内主要建筑，也是园内的最高潮；惬：位置安静，空间变化丰富，视野开阔，惬意盎然（图6-33）。

7. 景观节点的创新

登临场地，首先是两座遮蔽视野的大型花岗石景石，人们通过其中，压抑视野，又见一山石内有开洞，下为花坛，使人看而不得入，形成渗透与层次。随着迎客石的通过，可见一假山，中间破开，然后从中通过。随着阶梯而下降，见一黑色花岗石遮挡视野，构成了路径的一路引导。最后来到入口广场，见广阔的听风湖与其上的背山台，观鱼台形成对景，视野豁然开朗（图6-34）。

如图6-35所示亭取名听潮亭，由入口广场朝东，从台阶而上，可见一亭，利用现代简约的设计手法，周围环绕花岗岩石头，亭内设有白色花岗石桌子、木质座椅和木质流苏墙，上面是一面磨砂玻璃，使亭子与环境融合在一起，坐于亭上，可见满湖春水，两个平台也遥遥相望，互为对景。

如图6-36所示为观鱼台，人们从观水廊的支路走出，经过两块景石到达，为三角对景的第二角，面积不大，两边为跌水景观，形状不规则，平台用木材铺地，立面是白色花岗岩，基本置于水上，使游客有一种置身于水面之感。

如图6-37所示为背山台，景如其名，依山傍水，往后看是湖心的花园山亭，往前为广阔的听风湖和湖边的各个景点，一览无余。灵感来源于"与谁同坐轩"。人们从廊道进入广场，两座景石相迎，一棵银杏遮挡景色，广场分为两层，用花坛阶梯分割开，广场面积较大，给人以安稳、悠然的感觉。

如图6-38所示为霞桥，是一廊桥，内部设有楼梯，人们向上走时，视平线逐渐与湖面齐平，给人步入水中的感觉。其外形美观，兼有交通和观赏的双重功能，桥身可以划分水面，分割两边空间，但却隔中有透，使藏园中的游客透过桥身框架，望向远方，做到层次与渗透。

如图6-39所示为藏园，从霞桥看向外的场景，面前既有平静的湖面，可以隐隐约约看到观鱼台、背山台，后面的湖心山亭，使景色有一种

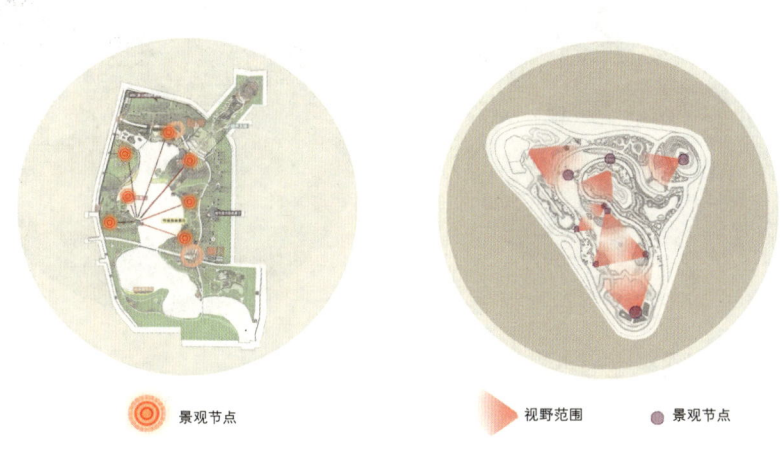

图6-31 景观视线分析图

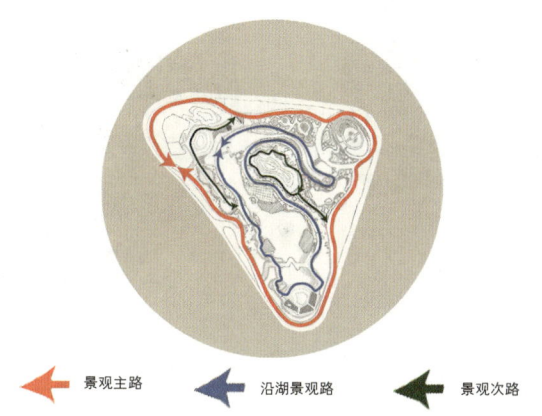

图6-32 景观交通分析图

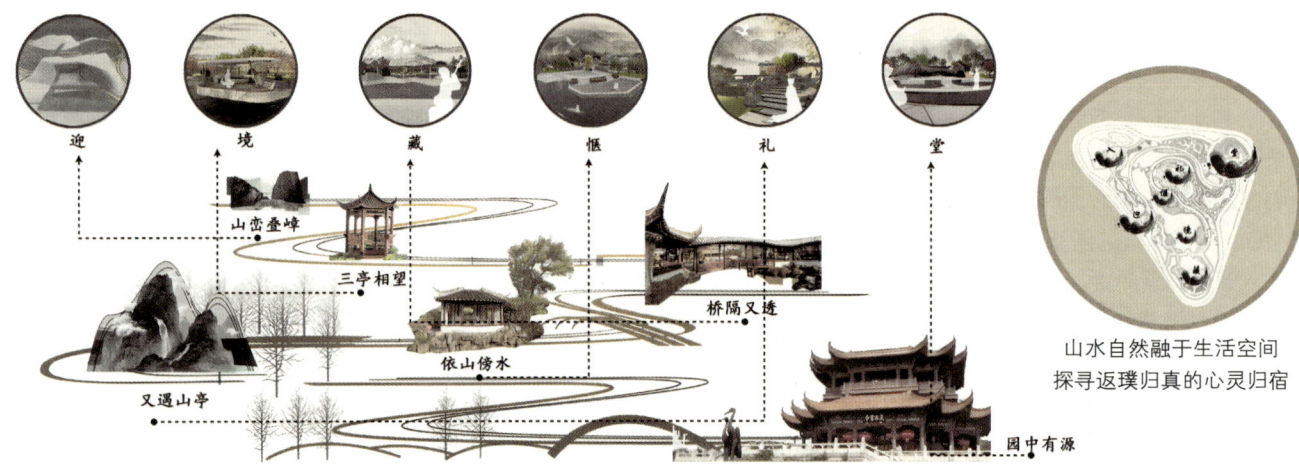

图6-33　景观节点分析图

图6-34　入口景观

图6-36　观鱼台

图6-35　听潮亭

图6-37　背山台

图6-38 霞桥

图6-39 藏园观景

图6-40 藏园内部

构图感,美景如画。

如图6-40所示为藏园内部,外侧有一留廊,半包围围合了广场场地,又与霞桥呼应,使整个广场变成了一个安静的地方,留廊为复廊,利于用不锈钢、花岗岩等材料,墙面有流苏设计,隔中有透,供人休息。

亭即游人停留之处,往往会设置在风景最佳处,其形式和种类变化丰富。亭既能满足园林中点景及观景的需要,又具有供人休息、纳凉避雨的功能,要求空灵剔透、大小相宜,文化内涵丰富,往往在景区、景点中起着点睛之笔的作用。如图6-41所示为景区最高点,路面隆起,走过一块块青石板路,会看到一座现代的亭子,上为遮雨棚,周围以玻璃构筑,底下是流水缓缓落下,向周围望去,是一片美丽植被,辅以幽竹、苍松,运用"对景""框景""借景"等手法,疏密有致。

图6-41 现代山亭

如图6-42所示为设计师之家,是园中园,也是视野高潮的地方,是各个路线的汇集点。其外形采用了大地建筑,好似一个被剖开的石子,呈两瓣状,内部为曲线设计,供设计师使用。

此景为落水叠石(图6-43),利用混凝土和花岗岩构成,体量大为屏峰,屏峰是指园林中能部分遮挡视线,有屏障功能的山石。屏峰一般有较大的体量,或以较高的峰石并列而

图6-42 设计师之家

成。屏峰使园景增添"藏"的意趣,形成有抑有扬的景观效应,是园林中常见的造景手法。走在青石板上,看着浑厚的体量,和旁边的松树相互呼应,听着潺潺的水声,给园林添加了不少山水情趣。

廊按空间体验的不同分为现山廊、观水廊、留廊、葫芦廊(6-44)。观山廊绕着湖心山亭而建,仰头观山;观水廊绕听风湖而建,低头品水;留廊在藏园中,是复廊,供人休息;葫芦廊空间变化丰富,到达咖啡厅节点。葫芦廊(图6-45),名如其景,外形俯视看去就像一串葫芦,入口处松树与景石形

图6-43 落水叠石

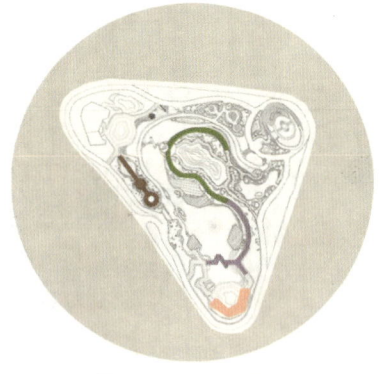

● 现山廊　● 观水廊　● 留廊　● 葫芦廊

图6-44 廊道分布图

图6-45 葫芦廊

● 源水湾　● 曲水流　● 听风湖

图6-46 水系分布图

成遮景上为顶，周围被密集的竹林环绕，通过人们的走动，空间不断开合变化，形成了路径的引导。

园内水体设置为分散用水，随着水面的变化而形成若干个大小的中心，整体水面曲折婉转，水体大概分为三部分，为源水湾、曲水流和听风湖。源水湾从狭小水面一下变大，突出主体建筑，同时也体现水贵有源的特点，曲水流设置入水路，跌水景观，使水面幽深，而听风潮，水面开阔，给人豁然开朗的感觉（图6-46、图6-47）。

三、创新设计方案2

1. 设计理念

设计以中国古典园林的现代演绎为核心的设计理念与设计内容，并以"续忆·山水"为题，体现对传统园

图6-47 水体景观

林的继承与发展。在设计的方法上先是对场地内进行调山理水，确定山水关系，并对我国的传统园林进行元素的提炼抽象，通过平面形式、立面处理、景观节点、细部构建进行还原演变，并进一步在植物、山石、建筑、水系上进行现代化演变发展。平面构图上吸收传统园林蜿蜒曲折的特点并对其进行现代化的简约曲折处理，形成场地里山环水抱的特色格局。园内景观风格现代简约，空间形式统一多变，功能丰富，具有工作、休憩、娱乐、健身、文化等多样功能，满足设计师与周边居民的办公与休闲等需求（图6-48）。

2. 创新策略

采用外向型与内向型相结合的空间形式，最大程度利用周边与场地内部环境。继承古典园林中蜿蜒曲折的特点进行提炼化的简约曲折，并结合道路、水系、叠山营造现代化的山水环境空间。平面形式上对古典园林里蜿蜒曲折的特点进行现代化的简约曲折，使得更加现代流畅与自然。意境表达上继承古典园林借助叠山理水，把广阔的大自然山水缩移模拟于咫尺之间的手法。叠山与理水的具体形式上将古典园林的特点进行概括、提炼，采用更加现代简约的方式进行意境的表达。造景手法上积极采用古典园林里常用到的框景、障景、抑景、夹景、漏景等手法处理空间环境，营造空间感受与变化表，在营造叠山理水时采用以小见大的手法，通过溪涧的小，突出山的大。建筑、植物、山石、水系，园林四要素的组合上进行创新与发展，继承古典园林中君子比德、天人合一等思想，师法自然。运用我国的传统植物并结合其哲学意义以合理的配置，在叠山理水方面既要在形式上创新，又在其哲学内涵上进行好的传承发展。建筑功能更加明确、形式更加多变、材料更加丰富，并结合一定的哲学内涵与意境（图6-49）。

3. 空间结构的创新

场地空间结构整体上呈放射式，整体空间结构被山水环境划分成三个主要空间节点和三个次要空间，大空间关联周边小空间并呈现放射状扩散。山水结构呈现山环水抱，蜿蜒曲折等特点，贴合了古典园林现代演绎的形式与特点，又使得整体空间形式统一中富有变化（图6-50）。

4. 功能分区

该场地为了满足设计师与周边居民的使用将场地划分为多个功能区，相互交融，为使用者们提供了创作、游览、聚会、休闲、会议、活动等功能（图6-51）。

5. 路线设计的创新

场地道路顺应场地形式，内部广场呈放射状，外侧环绕着场地内外水系，蜿蜒曲折，步移景异（图6-52）。

6. 造景手法的创新

现代景观设计继承了传统造园造景手法的精华，在材料上使用钢铁、混凝土等现代新材料，色彩运用丰富多样，出现了鲜艳的红色和黄色等，形式不仅是圆形和方形，而是创造出更具时代语言的不规则的多变形体（图6-53）。

7. 节点设计的创新

云润亭位于公园入口处，取自趵突泉的楹联——云雾蒸润华不注，波涛声震大明湖。该亭造型似云似雾，波浪般的顶棚加上木制的立柱上环绕着似山脉起伏的入口，在进门处，去营造了山水的意境（图6-54）。

倒影亭位于公园南侧的广场中心，是广场的中心节点，四周点缀着四处清水景观，当看向这些水面的时候能够较好地看见此处亭的倒影，故名倒影亭。功能上可以给使用者提供一处遮阳洽谈的地方（图6-55）。

慧云峰位于设计师之家对面，与设计师之家形成对景，采用叠山与阶梯式座椅相结合的形式，既是场地山水结构中重要的一环，在功能上又能够满足使用者日常交流、休憩、观景的要求（图6-56）。

玉兰富贵节点位于场地北侧，周边植物丰富，并且配置我国传统花卉组合，如玉兰、牡丹、桂花等，使得该处更加清幽动人（图6-57）。

与谁同坐借用拙政园里与谁同坐轩的形式，在树林密布处形成一个较为私密的林下休息空间（图6-58）。

图6-48 平面图

(a) 水的演绎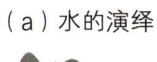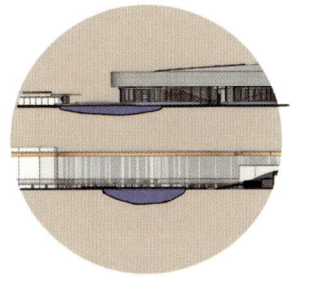

水系的简约曲折　　　水系的驳岸　　　水系与场地的结合

(b) 山的演绎

叠山与场地的结合　　　叠山与道路的结合　　　叠山与水面的结合

(c) 植物演绎（一）

植物与场地　　　植物与道路　　　乔灌草的层次

(d) 植物演绎（二）

云润亭　　　观砚亭　　　设计师之家

图6-49　元素演绎

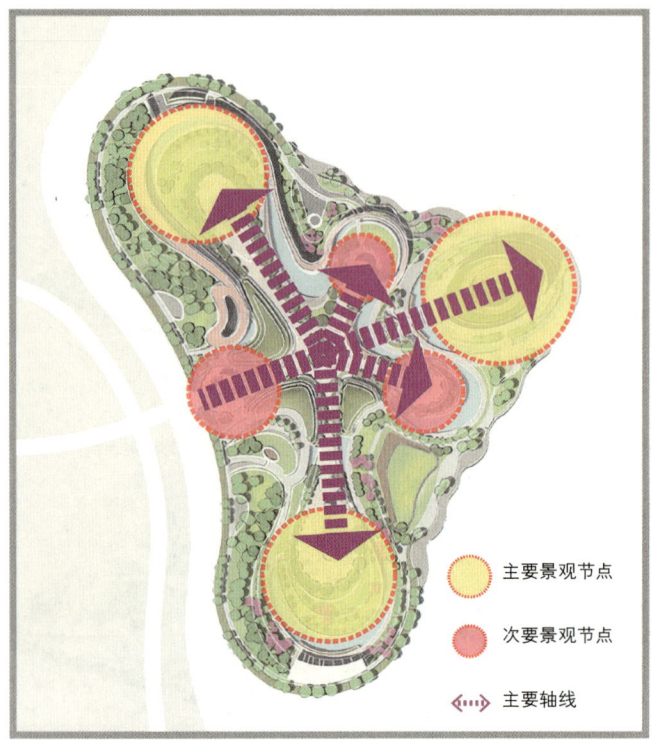

图6-50　空间结构

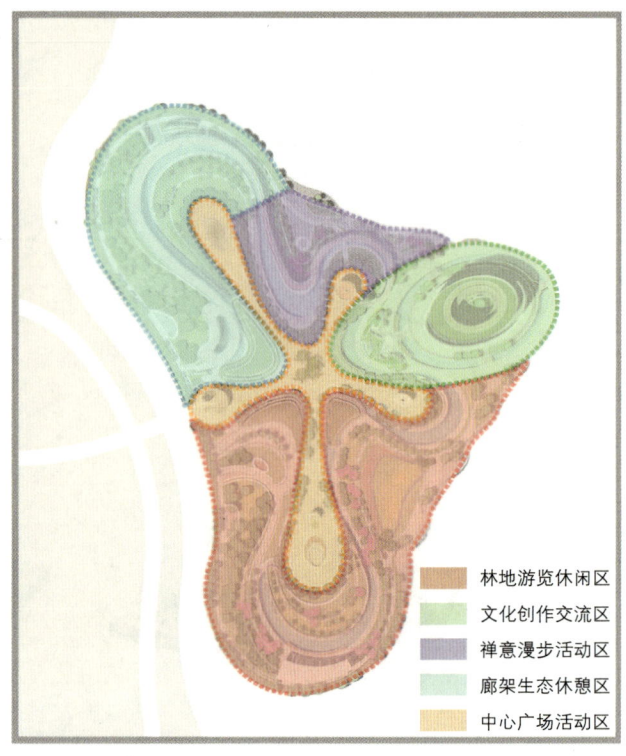

图6-51　功能分区

图6-52　路线设计

(a)框景与漏景

(b)障景

(c)框景

(d)夹景

图6-53 造景手法

图6-54 云润亭

图6-55 倒影亭

图6-56 慧云峰

图6-57 玉兰富贵　　　　　　　　　　　图6-58 与谁同坐

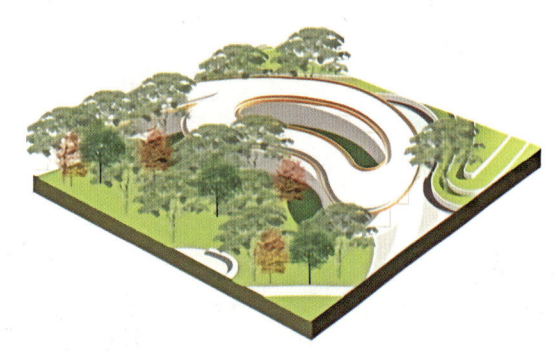

图6-59 水天一色

　　水天一色位于场地入口左侧，利用廊道的扩展形成一处类似庭院的开放空间，其一侧环水系，当观赏者低头看水或者抬头透过天井看天空时，基本呈现一个基本色，顾明水天一色。并在其近水一侧布置了美人靠，既起到保护作用，又为使用者提供了一个休息的区域（图6-59）。

　　香洲节点位于公园核心处，是一处起高的地形，其外侧围挡既是挡土墙又是文化墙，上面印有一些与设计文化相关的历史年鉴。内部种植木瓜与其他一些有香气的树种，在人们进园时可以闻到香气，故名香洲（图6-60）。

图6-60 香洲

本章思考题

1. 请谈一谈实训项目的前期分析内容以及得到的结论。
2. 请谈一谈实训项目的服务对象及其需要满足的功能。
3. 请谈一谈你想做的实训项目传承主题。
4. 请谈一谈你会从哪些方面体现实训项目传承特色。
5. 请谈一谈你想做的实训项目的创新主题。
6. 请谈一谈你会从哪些方面体现实训项目的创新特色。

参考文献

[1] 彭一刚. 中国古典园林分析[M]. 北京：中国建筑工业出版社，2008.

[2] 刘敦桢. 苏州古典园林：专业、学科与教育[M]. 北京：中国建筑工业出版社，2005.

[3] 胡长龙. 园林规划设计[M]. 北京：中国农业出版社，2003.

[4] 张启翔，沈守云. 现代景观设计思潮[M]. 武汉：华中科技大学出版社，2009.

[5] 针之谷钟吉. 西方造园变迁史：从伊甸园到天然公园[M]. 邹洪灿，译. 北京：中国建筑工业出版社，2016.

[6] 朱建宁. 西方园林史——19世纪之前[M]. 2版. 北京：中国林业出版社，2013.

[7] 王向荣，林箐. 西方现代景观设计的理论与实践[M]. 北京：中国建筑工业出版社，2002.

[8] 汤姆·特纳. 世界园林史[M]. 林箐，译. 北京：中国林业出版社，2011.